U0149974

极简甜品

萨巴蒂娜◎主编

中国轻工业出版社

初步了解全书

Q 这本书因何而生？

问问自己和身边的人，恐怕没有几个能抵抗甜品的诱惑吧？即便在减肥，遇到甜品也只能"缴械投降"。其实，甜品有"治愈"的功效，适当品尝能改善心情，让你体验到生活的美好。不要以为甜品的制作很麻烦，其实有很多便捷的方法，能让甜品也走出极简风，费不了几分钟就能吃到自己心仪的甜品了！

Q 这本书里都有啥？

甜品是有自己的功能属性的，能满足各路人群的嘴巴。有的是满足低卡需求的热量限定款，有的是能治愈心灵的，有的既能满足嘴巴还能让容颜美美哒，还有能滋润身体、补水调和的……这些，统统都在这本书中哦！

看着名字
就流口水

时间、难易度
清楚明了

品尝甜品也是有
情怀的

需要用到的食
材一目了然

详尽直观的
操作步骤让
你简单上手

制作秘籍，让你与美味不再
失之交臂

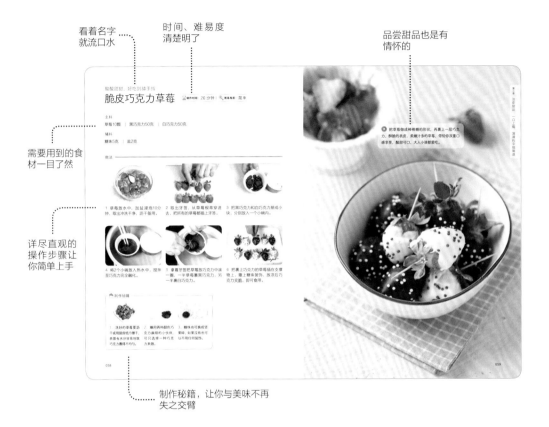

为了确保食谱配方的可操作性，本书的每一道甜品都经过我们试做、试吃，并
且是现场制作后直接拍摄的。

本书每道食谱配方都有步骤图、制作秘籍、难易程度和制作时间的指引，确保
你照着图书一步步操作便可以做出好吃的甜品。但是具体用量和火候的把握也
需要你经验的累积。

书中部分甜品图片含有装饰物，不作为必要食材元素出现在菜谱文字中，读者
可根据自己的喜好增减。

甜，简约但不简单

原始社会，人们获取甜是一件十分困难的事。

几乎所有的远古水果都酸涩不堪；蜂窝建在高高的树上，还有无数蜜蜂坚守，哪里像现在蜂蜜才十几元一瓶！所以，对甜味的追求从远古时代就深深刻入到人类的基因里。尽管现在甜已经十分容易得到，但甜味依然是人类味觉当中最鲜明、最渴求、最敏感的一款。

许多美好的词汇里都有"甜"的身影，许多幸福的感受都跟"甜"脱不了干系。

吃饱了饭，小小来一口甜食做收尾，只有这样，生活才令人满足！

上午感觉有点饿，但是还不到吃午饭的时间，如果来一小口甜食，上午的时间就容易过去了。

下午有点犯困，一小份甜品可以让你振作起来，充满斗志。

再或者，遇到了喜欢的人，送他（她）一袋自己做的小甜食，自然又深情。

虽然甜食很诱人，但也有不少人被它精致的外表"劝退"。其实，别以为做甜食就很复杂。我完全理解你的诉求，因为你并不想在厨房忙碌好几个小时，才收获了一份珍贵的甜品，然后只用两分钟就吃光了。烹饪的时间越长，对甜美的追求就变得越发遥不可及。

我保证，这本书里的甜品，制作的时间跟你享用的时间几乎差不多。如果熟练了，就跟烧白开水一样简单。

因为科技在进步，食材也在更新，萨巴厨房制作美食的过程也根据现代人的需要逐渐调整，这本书中的甜品已经相当容易了，只要略微用点小心思，"小白"也可以成为甜品大师！

让甜，轻松围绕我们的日常生活。

萨巴蒂娜
个人公众订阅号

萨巴小传：本名高欣茹。萨巴蒂娜是当时出道写美食书时用的笔名。曾主编过八十多本畅销美食图书，出版过小说《厨子的故事》，美食散文集《美味关系》。现任"萨巴厨房"主编。

◉ 敬请关注萨巴新浪微博 www.weibo.com/sabadina

目录
Contents

第 一 章
低卡甜品
放心吃无负担

水果酸奶棒

016

草莓酸奶杯

017

抹茶奶冻

018

牛奶小方

020

红豆薏米燕麦饼干

022

燕麦能量棒

024

燕麦马芬杯

026

香蕉烤麦片

028

谷物思慕雪

029

椰香山药球

030

火山土豆泥

032

无油无糖南瓜派

034

糖桂花蒸南瓜

036

微波炉烤红薯

酸奶紫薯泥

红薯芋泥酸奶盒子

自制红薯干

烤苹果脆片

椰奶木瓜冻

猕猴桃沙冰

火龙果奶昔

蓝莓山药

酸奶水果沙拉

红酒炖雪梨

水果冰粉

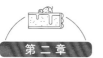

第二章

治愈甜品

一口上瘾，
满满的幸福味道

巧克力熔岩蛋糕

脆皮巧克力草莓

奶酪焗红薯

冻奶酪蛋糕

雪花酥

紫薯糯米糍

水果木糠杯

红薯千层塔

第三章

养颜甜品
轻松吃出好气色

鲜橙果冻

110

玫瑰蜂蜜松饼

112

网红奶枣

114

红豆沙小圆子

116

莲子百合红豆沙

117

自制蜜红豆

118

红糖糯米藕

120

樱桃果冻

122

猕猴桃酸奶蒸糕

124

草莓提拉米苏

126

玫瑰核桃仁小酥

128

胡萝卜水晶糕

130

奶酪烤牛奶

132

懒人苹果派

134

脆皮炸鲜奶

136

蜜豆蛋挞

138

红糖糍粑

140

奶酪紫薯泥

142

芒果西米露

144

红糖姜枣茶

146

补血养颜四红汤

147

酒酿小圆子

148

第四章

补水甜品

养出水嫩好肌肤

如何降低甜品糖分

1. 减少糖的用量

将糖的用量在配方的基础上减少 1/3 或 1/2，能比较直接地减少甜品中的糖分。个人觉得最多减去一半的糖，既能保持微微甜的口感，又不会摄入过多热量，如果减糖太多会失去甜品该有的口感和香甜。

2. 用甜味食材代替糖

很多朋友非常抵触甜品里的糖，能不能不放糖也做出好吃的甜品，是大家最关心的问题。答案是：当然可以啦！用甜味充足又纯天然的蔬菜水果来代替糖，如南瓜、红薯、香蕉、芒果等，既可满足味蕾对香甜的渴望，还能降低甜品中的糖分，吃起来毫无负担。

3. 用"代糖"增甜

代糖其实就是甜味剂，能提供甜味，热量却比糖低很多，有些甜味剂只能在食品工业上用，有些能作为餐桌甜味料，在日常使用的代糖里以木糖醇、赤藓糖醇、罗汉果甜苷、甜菊糖苷、三氯蔗糖最常见。代糖食用过多会导致腹泻等不适，所以每种代糖的用量以及食用方法一定要遵照包装上的说明。

常见甜品和食材保存方法

1. 常见甜品保存方法

饼干：烤好的饼干要彻底放凉，装入干燥的密封袋或瓶子中，要放在阴凉干燥通风的地方保存。常温下不加干燥剂可以储存10~15天，如果添加了干燥剂则能保存一个月。

蛋糕：蛋糕放凉后，装入保鲜袋或保鲜盒内密封保存，室温下的保质期为1天，放冰箱内一般可保存2天，存放时间越长滋生细菌越多，口感越差，营养价值也会降低很多。对于慕斯蛋糕、水果蛋糕，冷藏时间最好不要超过1天，不适宜过夜，否则容易变质。

面包：将烤好的面包冷却至和手心温度差不多时，装入保鲜袋中密封好，放在室温下可保存2天左右，室温18~25℃是保存面包的最佳温度。一定要注意面包不适合冷藏，冷藏会加速面包中淀粉的老化，使面包干硬、粗糙、口感变差。

布丁：放凉后盖上盖子或保鲜膜，室温保存的话，夏天可存放1天，冬天可存放2天；若放进冰箱冷藏室，最多也不要超过2天。

比萨：比萨属于现做现吃的食物，隔夜后味道会差很多，如果当天吃不完需放进冰箱冷藏室，肉类比萨可冷藏1~3天，对于蔬菜比萨、水果比萨和海鲜比萨，隔夜存放容易变质，最好当天吃完。冷藏后的比萨吃的时候要放烤箱或微波炉加热一下，凉的比萨口感不好，也没有拉丝的效果。

蛋挞：最好现做现吃，吃不完的蛋挞凉凉后放入保鲜袋或保鲜盒内，放冰箱冷藏可存放 3 天左右，吃的时候复烤一下，会恢复到酥酥脆脆的口感。

罐头：做好的罐头可趁热放入干燥的罐头瓶，并倒扣瓶子使瓶内形成真空环境，冰箱冷藏保存可放几个月甚至一年。如果做好的罐头没有放入瓶子形成真空环境，放凉后盖盖子，放冰箱可冷藏 3 天左右，需尽快食用完。

鲜榨果汁：最好半小时之内喝完，常温存放不要超过 2 小时，2 小时后的鲜榨果汁会有大量微生物滋生，可能会导致腹泻等现象发生。若放冰箱冷藏，一定要把果汁盖好，夏天建议存放 6~8 小时，冬天建议存放 12~24 小时，但不要超过 24 小时，否则新鲜度和营养会下降很多。

2. 常见食材保存方法

黄油：未开封的黄油直接放冷藏室，可保存6~12 个月，根据黄油包装的说明来确定保质期。如果要用到黄油，开封后切下来所需的量，其余的用黄油包装或锡纸裹好，立刻放回冰箱。

淡奶油：需放冰箱冷藏保存，未开封的淡奶油一般可保存 6 个月，具体保存时长需根据包装上的生产日期和保质期来确定。开封的淡奶油，需把剪开的小口用夹子或胶带密封好，最好在3~7 日内使用完。

奶酪：生活中最常用的有奶酪片和马苏里拉奶酪两种，奶酪片一般 2~5℃冷藏保存，可保存 9~12 个月；马苏里拉奶酪需冷冻保存，保质期 9 个月。

水果：大部分水果都可以放冰箱冷藏保存，最好一周内吃完。放冰箱前不要清洗，分开包装好。对于表皮比较薄的水果如樱桃、草莓、葡萄等，需要放在保鲜盒中，防止挤压变坏。要特别注意热带水果，香蕉、菠萝和芒果适合常温保存，放冰箱会冻伤变色，加速水果变质。

面粉：面粉包括低筋面粉、中筋面粉和高筋面粉，可放在阴凉、通风、干燥的室温环境，不要直接挨着地面墙面，一般可存放 1 年，具体保质期要看面粉包装说明。开封后的面粉要及时封口，以免受潮或进灰尘。夏天雨水多、温度高，面粉放布口袋中易吸潮结块，可把面粉放塑料袋中，既不受潮也不易生虫。

糖：做甜品经常会用到白糖、红糖、冰糖等，糖对温度、湿度变化很敏感，极易吸潮，出现融化、结块现象。因此糖应放密封袋或玻璃瓶中，密封保存，放在阴凉干燥通风处，不同糖的保质期应参考包装袋的说明来确定。

鸡蛋：最常用的方法是放冰箱冷藏保存，保质期为 40 天。把鸡蛋装到袋子内或放在冰箱蛋托中，按照大头朝上、小头朝下进行放置，可令蛋黄上浮，堵住气孔，有效防止微生物进入。冬季室内常温下保质期为 15 天，夏季室内常温下为 10 天。鸡蛋超过保质期，其新鲜程度和营养成分都会受到一定的影响。

制作甜品小技巧

1. 用烤箱前一定要预热

用烤箱烘烤任何食物前，都需要将烤箱调至烘烤所需的温度预热 10 分钟，预热时间太短达不到所需温度，时间太长会影响烤箱寿命。预热烤箱的好处是可使放进去的食物受热均匀，并且迅速定形，烤出的食物也能保持较好的口感。

2. 做烘焙所用的粉类要过筛

烘焙中最常用的就是面粉，除此之外还会用到泡打粉、淀粉、抹茶粉等粉状食材，这些食材放置一段时间后很容易结块，直接用不易搅拌均匀。过筛可去除结块，使粉状食材变得更蓬松，容易与其他食材混合均匀。

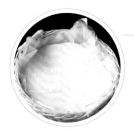

3. 手抓饼巧变多种甜品

速冻手抓饼可是个好东西，可以做各种酥皮，比如派皮、蛋挞皮、可颂面包等，无须和面就能轻松做这些甜品，烘烤之后层层酥脆，非常美味。

4. 煮西米的正确方法

把西米放滤网上，用清水冲洗掉表面的浮粉。锅中加约西米 5 倍的水烧开，把西米放进去大火煮 10~15 分钟，边煮边搅拌，防止煳锅，煮至西米中间有白点时关火，闷 10 分钟至西米完全变透明。将西米捞出过几遍凉水，沥水后弹牙爽滑的西米就做好了。

5. 做出光滑弹牙布丁的窍门

做出光滑布丁有两个要点，第一：将做好的布丁液过滤 1~2 遍，去掉气泡和颗粒。第二：烤制过程要采用"水浴法"，在烤盘里倒入没过布丁液高度 1/2 的热水，可避免在烤时布丁产生泡泡。如果采用蒸布丁的方法，要盖上盖子或保鲜膜，开水上锅，中小火蒸，可蒸出光滑如镜面的布丁。

第一章

低卡甜品
放心吃无负担

精致漂亮还好吃

水果酸奶棒

⏳ **制作时间:** 15 分钟

🗝 **难易程度:** 简单

🍩 想吃冰棒又懒得出门买？这款酸奶棒肯定适合你，无须模具，只要有酸奶和水果就能做成。成品单从颜值上就能俘获你的心，入口酸甜中夹带水果的清香，让你一吃就爱上。而且酸奶的热量很低，吃了也不用担心长胖哦！

主料

酸奶4杯

辅料

红心火龙果1/3个　　│　　芒果1/2个

做法 ——————

1　火龙果去皮、切成小三角形状，芒果去皮、切小块。

2　撕开酸奶杯，把酸奶倒在一个大杯子中。

3　把水果块放在酸奶杯的内侧边缘，两个放火龙果，两个放芒果。

4　酸奶重新倒回酸奶杯中，在酸奶杯的中间分别插一个小竹签。

5　放入冰箱冻3小时以上至硬就可以了。

6　冻硬后取出，在室温下停留1分钟，就能轻松把小冰棒取出来了。

🍽 **制作秘籍**

1. 水果贴在酸奶杯边缘，成品才更漂亮。
2. 火龙果和芒果可换成香蕉、猕猴桃等自己喜欢的水果。
3. 小竹签可用烧烤签裁成小段用。

超高颜值，一杯不够吃

草莓酸奶杯

⌛ 制作时间：10 分钟

✎ 难易程度：简单

🍩 红彤彤的草莓惹人爱，怎么吃都吃不够呀！当草莓遇上酸奶，切一切，拌一拌，简单又营养的草莓酸奶杯就做成啦！酸酸甜甜，美容又养眼，还不会发胖哦。

主料

草莓8颗 ｜ 酸奶200毫升

辅料

盐2克

🍲 制作秘籍

1. 清洗草莓前最好不要把蒂去掉，以免清洗过程中草莓表面残留的农药进入内部，造成污染。

2. 草莓在淡盐水中浸泡，可以起到杀菌和减少农药残留的作用。

做法

1 将草莓用流水冲洗一下，然后放入容器中，加盐和没过草莓的水，浸泡5分钟。

2 浸泡后的草莓再次用流水冲洗干净，沥水备用。

3 去掉草莓蒂，把草莓切成小块，块的大小随意。

4 把1/3的酸奶倒入杯子，放入一部分草莓块，同样操作再重复两次即可。

搅一搅就成功，简单到家了

抹茶奶冻

⏳ 制作时间：**20 分钟** | ✒ 难易程度：简单

主料

牛奶250毫升 | 抹茶粉3克

辅料

细砂糖5克 | 吉利丁粉6克

做法 ———————————

1 牛奶倒入奶锅中，放入抹茶粉和细砂糖。

2 开小火边煮边搅拌，煮至牛奶边缘冒小泡即可关火。

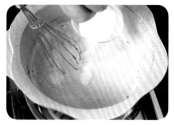

3 倒入吉利丁粉，搅拌至完全溶化。

4 搅匀后，将抹茶奶冻液过筛两遍。

5 过筛后将奶冻液分装到两个容器中。

6 放冰箱冷藏4小时以上即可食用。

🍮 制作秘籍 ———————

1.牛奶不可煮全开，营养会流失，还会结奶皮，使奶冻不够顺滑。

2.过筛可去除气泡使成品更光滑，嫌麻烦也可省略这一步。

3.细砂糖放的量比较少，吃起来无负担，喜欢吃甜的可多放一些。

4.抹茶粉可以换成咖啡粉、可可粉、草莓粉等，可尝试更多新口味。

一抹清新的淡绿色，弹牙爽滑的口感，人见人爱。没烤箱？怕麻烦？怕发胖？这些统统都不需要考虑，这道甜品不用烤箱，煮一煮，搅拌均匀，放入冰箱等着吃就可以啦。

牛奶小方

⧖ **制作时间：** 20 分钟 | ✎ **难易程度：** 简单

主料

牛奶350毫升 | 奶粉10克

辅料

玉米淀粉45克 | 细砂糖30克 | 椰蓉20克

做法

1 将牛奶、奶粉和玉米淀粉放入奶锅中，搅拌至无干粉、无疙瘩。

2 放入细砂糖，将奶锅放至炉灶上开小火煮，不停搅拌。

3 煮2~3分钟，至变得像沙拉酱一样浓稠，就可以关火了。

4 取一个饭盒或其他容器，在底部撒一层椰蓉。

5 把煮好的牛奶糊糊用刮刀刮进去，轻轻震动几下容器，尽量使表面平整。

6 凉凉后放冰箱冷藏4小时以上，取出，切成2厘米见方的小块，在椰蓉中滚一下即可食用。

🍳 制作秘籍

1. 椰蓉可换成可可粉、抹茶粉或草莓粉等，会有不同的口感和视觉体验。

2. 这个糖的用量适合大部分人，也可根据自己口味酌情增减。

如果你是厨房新手，没有烤箱，没有模具，还想做甜品吃，那你可以试试牛奶小方，甜糯弹牙，超简单、巨好吃，一次就能做成功！

无须模具，小朋友都能完成

红豆薏米燕麦饼干

⏳ 制作时间：40 分钟　🔖 难易程度：简单

主料

燕麦片150克　|　红豆薏米粉80克

辅料

鸡蛋1个　|　黑芝麻15克　|　红糖30克　|　玉米油20毫升

做法

1 将燕麦片、红豆薏米粉和黑芝麻放入容器中。

2 打入1个鸡蛋，倒入玉米油，搅拌均匀。

3 红糖中加入约60毫升温水，搅至彻底溶化。

4 红糖水分多次加入到干性材料中，每加一次都要搅拌均匀，能成团即可。

5 戴一次性手套，取牛肉丸大小的一块揉成团。

6 然后用掌心压扁，尽量薄一些，这样成品更酥脆。

7 烤盘铺上油纸，依次放入做好的燕麦饼干。

8 放入提前预热好的烤箱中层，180℃上下火烤20分钟即可。

🍲 制作秘籍

1. 烘焙时间根据饼干厚度灵活调整，烤至表面金黄就可以了。

2. 刚烤好的饼干不会很脆，彻底放凉后就会变得酥脆可口。

3. 红糖水要分次加，饼干面团能揉在一起即可，太稀了不易塑形。

下午三四点或追剧的时候，就会特别想吃东西，高热量零食吃多了担心发胖，那咱们来一个怎么吃都不会发胖的粗粮饼干。虽说是粗粮，但吃起来香、酥、脆，超级好吃！做起来也非常简单，不需要打发或者用模具，连小朋友都能轻松做成功。

无油无糖，好吃不发胖

燕麦能量棒

⧗ 制作时间：40分钟 ┊ ✎ 难易程度：中等

主料

燕麦片200克 ┊ 香蕉2根

辅料

鸡蛋2个 ┊ 蔓越莓干15克

做法

1 鸡蛋磕入碗中，用筷子打散备用。

2 把香蕉去皮，放入大点的容器中，用勺子压成泥。

3 把燕麦片、鸡蛋液和蔓越莓干放入香蕉泥中，搅至均匀。

4 烤盘铺上油纸，倒入混合好的材料，用铲子压平。

5 放入预热好的烤箱中层，180℃上下火烤20分钟。

6 烤熟后倒扣脱模，放凉后切成条状即可食用。

🍲 制作秘籍

1．一定要选熟透的香蕉，容易压成泥，口感也更香甜。
2．吃不完的燕麦棒要密封保存，否则容易受潮软化。

每次买买买时都控制不住自己，眼看着熟透的香蕉也不想吃，囤了好久的麦片也没吃过几次。那就做个快手的燕麦能量棒来消耗一下吧，再加点蔓越莓干，酸酸甜甜，口感更丰富。无油无糖，减肥的小伙伴也能放心吃！

吃不胖的小甜点，零厨艺轻松搞定

燕麦马芬杯

制作时间：40 分钟 | 难易程度：简单

主料

即食麦片130克 | 牛奶100毫升 | 全麦粉30克 | 鸡蛋1个

辅料

香蕉1根 | 橄榄油30毫升 | 泡打粉3克

做法

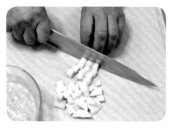

1 香蕉去皮，一半切成玉米粒大小的颗粒状，一半压成香蕉泥备用。

2 往香蕉泥中磕入鸡蛋，放牛奶，搅拌均匀。

制作秘籍

1. 全程没有放糖，放香蕉可增加马芬香甜的口感。

2. 搅拌燕麦面糊时不要画圈圈，最好用翻拌的手法，这样烤出的马芬口感更蓬松。

3 再加橄榄油、即食麦片、全麦粉和泡打粉，用刮刀翻拌均匀。

4 取出纸杯均匀摆放在烤盘上，用勺子将燕麦面糊舀进去，每个杯子八分满。

5 把香蕉粒均匀撒在燕麦面糊的表面。

6 将烤盘放入预热好的烤箱中层，上下火180℃烤30分钟即可。

"怎么吃都不胖"是多少女孩子梦寐以求的呀，这个燕麦马芬杯就能圆你这个梦，全程不用一粒糖，吃着没压力。这么健康的甜品，口感也是非常棒呢，表皮酥脆，内里松软，而且超级简单，看一遍就能学会。

只需简单4步

香蕉烤麦片

⏳ 制作时间：**30 分钟**

✏️ 难易程度：简单

🔘 香蕉、麦片加点牛奶烤一烤，表皮焦脆，内里软嫩，无糖低卡又美味，减肥的朋友也能放心大口吃。

主料

香蕉1根 ｜ 即食麦片80克
牛奶150毫升 ｜ 鸡蛋1个

辅料

蔓越莓干5克

做法

1 香蕉去皮，1/3根香蕉切成约3毫米的薄片，其余2/3根香蕉压成泥。

2 香蕉泥中打入鸡蛋，再加牛奶和即食麦片，搅拌均匀。

3 取一个耐高温的容器，将香蕉麦片糊倒进去，铺上香蕉片，放上蔓越莓干。

4 将容器放入预热好的烤箱中层，上下火180℃烤20分钟即可。

🍚 制作秘籍

1. 香蕉选熟透的，口感会更香甜；喜欢甜口的可放点白糖。

2. 烘烤时间根据自家烤箱灵活调整，烤至表面变焦黄就可以了。

高颜低卡小甜品，原来这么简单

谷物思慕雪

⏳ 制作时间：10 分钟

✎ 难易程度：简单

❀ 思慕雪这个名字听着就很洋气，它是一种富含维生素的快餐甜品，由各类水果打成泥和乳制品或冰碎混合而成，然后装入杯中，稍加装饰就能颜值爆棚，不仅口感好，还美容养颜，做起来特别简单，想不想来上一杯？

主料

谷物水果麦片30克　|　酸奶200毫升

辅料

红心火龙果1/3个　|　猕猴桃1/2个

制作秘籍

1. 水果可根据自己的喜好选择，想放什么都可以。

2. 没有搅拌机的小伙伴，直接用勺子把火龙果压成泥与酸奶混合即可。

做法

1 火龙果去皮、切小块，猕猴桃去皮、切小丁。

2 把酸奶和火龙果放入搅拌机中，打至细腻顺滑的状态。

3 将打好酸奶火龙果倒入杯中。

4 撒上谷物水果麦片和猕猴桃丁即可。

简单零失败，"滚一滚"就做成

椰香山药球

⧖ 制作时间：**30 分钟** | ✎ 难易程度：简单

主料

山药1段（约200克）

辅料

蓝莓80克 | 蔓越莓干30克 | 椰蓉15克

做法 ——————————

1 山药去皮，切成约3毫米的薄片；蓝莓洗净；蔓越莓干切碎备用。

2 切好的山药片上锅蒸15分钟左右，用筷子能轻松捣碎即可。

3 将蒸熟的山药用勺子压成泥，加上蔓越莓干搅拌均匀。

4 戴上一次性手套，取肉丸大小的山药泥，团圆后用掌心压扁。

5 放入一颗蓝莓，包好，搓圆；依次将所有山药泥包上蓝莓。

6 将包好的山药球放入椰蓉中，滚动山药球，让每个均匀裹上椰蓉就可享用啦。

🍲 制作秘籍

1．给山药去皮时最好戴上手套，山药黏液含植物碱，接触皮肤会刺痒。

2．蓝莓夹心可换成芒果块、火龙果块等水果，嫌麻烦可不夹心，一样很好吃。

山药除了炒菜、炖汤、蒸着吃，还可以摇身一变，做成好吃的小甜品，蒸一蒸，揉成球，放在椰蓉中滚一下，零失败的小甜品就做好啦！

直击味蕾，做法简单零失败

火山土豆泥

⏱ 制作时间. 30 分钟 | ✎ 难易程度: 简单

主料

土豆2个（约400克） | 番茄1个

辅料

油1汤匙 | 番茄酱2汤匙 | 玉米粒50克 | 青豆50克
盐1茶匙 | 白糖1茶匙 | 牛奶60毫升

做法

1 番茄顶部切十字，用开水烫下去皮，把番茄切成小丁备用。

2 土豆洗净、去皮，切成3毫米的片。

3 把土豆片放锅中蒸15分钟，蒸至能用筷子轻松穿透就行。

4 蒸熟的土豆片放入大碗中，加牛奶和1/2茶匙盐，压成泥。

5 将土豆泥放入碟子中，整理成火山的形状。

6 锅中倒油，烧至八成热，放入番茄丁炒成糊，加番茄酱翻炒均匀。

7 再加玉米粒和青豆，放白糖和1/2茶匙盐调味，加100毫升水，煮至汤汁浓稠后关火。

8 把炒好的番茄汁倒在土豆泥上，火山土豆泥就做好啦。

🍲 制作秘籍

1. 土豆泥中加牛奶，吃起来口感会更加绵软香浓。

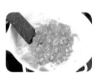

2. 喜欢吃肉的，炒番茄汁的时候可加点肉末进去。

番茄和土豆简直就是天生一对，浓稠的番茄酱包裹着软糯的土豆泥，一口下去绝对俘获你的味蕾。最主要的是做法简单，零厨艺也能轻松做成功。学会这个，在朋友面前露一手吧！

好吃无负担，吃一口幸福一整天

无油无糖南瓜派

制作时间：50 分钟 | 难易程度．简单

主料

去皮南瓜350克 | 燕麦片150克 | 香蕉1根

辅料

牛奶80毫升 | 低筋面粉40克 | 鸡蛋2个 | 橄榄油5毫升

做法

1 香蕉去皮，用勺子压成泥，将燕麦片放入香蕉泥中搅拌均匀。

2 取出8英寸派盘，刷上一层橄榄油，将香蕉燕麦片均匀铺在派盘底和四周，用勺子压紧实。

3 把派盘放入预热好的烤箱中层，上下火180℃烤10分钟定形。

4 开始制作南瓜馅料：南瓜洗净，切成约3毫米的片，放微波炉中高火微波5分钟。

5 将微波好的南瓜压成泥，加鸡蛋、牛奶和低筋面粉，搅拌均匀备用。

6 取出烤定形的派皮，倒入南瓜馅料，放入烤箱中层，上下火170℃烤25分钟即可。

制作秘籍

1．派盘上涂抹一层橄榄油，烤熟后容易脱模。

2．没有派盘的可换成烤盘或能耐高温的碟子。

3．烤熟后的南瓜派可放水果进行装饰，吃起来口感更好。

想吃甜品又担心长胖？来试试它，无油无糖的南瓜派，吃起来无任何负担，制作起来也非常简单，快来试试吧。

甜甜糯糯，唇齿留香

糖桂花蒸南瓜

⧖ 制作时间：20 分钟

🔧 难易程度：简单

🍩 南瓜是个很神奇的食材，无论蒸、煮、炖、炒都非常好吃。今天就来个简单又好吃的做法吧，南瓜切一切，放入糖桂花蒸一蒸，南瓜的清甜和糖桂花的清香融为一体，清香软糯，甜而不腻，好吃到停不下来。

主料

南瓜400克

辅料

糖桂花2汤匙

做法

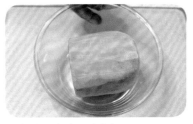

1 把南瓜去皮，洗净备用。

2 切成1厘米×1厘米×5厘米的长条状，均匀摆在碟子内。

3 南瓜条上淋上糖桂花。

4 放入锅内，上汽后蒸10分钟即可。

🍚 制作秘籍

1. 挑选南瓜时看侧切面颜色，切开的南瓜颜色越深越好吃，又甜又面。

2. 南瓜也可换成山药，吃起来口感更爽脆一些。

3. 如果嫌蒸麻烦，也可放入微波炉高火微波5分钟即可。

谁说没有烤箱就不能吃烤红薯？

微波炉烤红薯

⏳ 制作时间：15分钟

✎ 难易程度：简单

🍩 每次路过烤红薯的小摊，都被浓浓的红薯香气吸引过去。其实只要家里有一台微波炉，10分钟就能吃上香喷喷的烤红薯，非常方便省事儿，来一起学学吧。

主料

红薯2块（约700克）

🍚 制作秘籍

1. 红心比黄心的红薯要甜一些，也可选用蜜薯，烤着最好吃。
2. 挑选红薯要选个头苗条的，单个300克左右为最佳。
3. 烤红薯时外面裹保鲜膜或打湿的纸巾，可保留水分，吃起来更香甜软糯。

做法

1 把红薯清洗干净，不用控干表面水分。

2 用保鲜膜把2块红薯分别包裹严实。

3 将包好的红薯放入微波炉转盘上，高火微波5分钟。

4 把红薯翻至另一面，继续高火微波5分钟，去掉保鲜膜，即可食用。

颜值与口感并存，征服你的味蕾

酸奶紫薯泥

⌛ 制作时间：30 分钟 | ✎ 难易程度：简单

主料

紫薯2个（约150克） | 酸奶50毫升

辅料

坚果麦片30克

做法 ————————

🍲 制作秘籍

1 紫薯去皮、洗净，切成厚约3毫米的片。

2 将紫薯片放锅中蒸15分钟，蒸至用筷子能穿透即可。

1. 紫薯可换成红薯、山药等食材，做法相同。

2. 如果是夏天，将成品放冰箱冷藏半小时，口感会更佳。

3 把蒸熟的紫薯片用勺子压成细腻的紫薯泥。

4 准备一个铺上保鲜膜的小碗，把紫薯泥放入碗中，用勺子压平。

5 将小碗倒扣在碟子中心，将紫薯泥倒扣出来。

6 淋上酸奶，撒上坚果麦片，即可食用。

当紫薯遇上酸奶，便成就了一道高颜值的小甜品。而且紫薯饱腹感强，减肥的小伙伴也能放心吃，再搭配酸奶和坚果，口感超级棒。厨房小白分分钟搞定，一起做起来！

颜值与口感并存

红薯芋泥酸奶盒子

⏳ 制作时间: 30 分钟 | ✎ 难易程度: 简单

主料

红薯1个（约150克） | 芋头150克 | 牛奶120毫升
浓稠酸奶160毫升

辅料

坚果麦片50克

做法 ────

1 将红薯和芋头清洗干净、去皮，切成约3毫米的片状。

2 红薯片和芋头片分别放不同的容器中，放锅中蒸15分钟关火。

3 将红薯和芋头分别压成泥，分别加入60毫升牛奶，搅拌均匀。

4 取一个盒子，把红薯泥倒进去，用勺子压平。

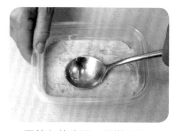

5 再放入芋头泥，同样用勺子压平整。

6 倒入浓稠的酸奶，抹平；撒上坚果麦片即可食用。

🍲 制作秘籍

1. 红薯可换成紫薯、南瓜、山药等吃起来甜糯的食材。
2. 如果夏天食用，放冰箱冷藏一下，吃起来口感更佳。
3. 表面装饰可放一些水果块，营养更丰富。

这款甜品特别适合"手残星人"，不用裱花、不用抹面，只需把处理好的食材一层层放进去，就能达到美味与颜值并存，尝一口就能让你"沦陷"，而且低脂低热量，一勺一勺吃得美滋滋。

嚼劲十足，有阳光的味道
自制红薯干

⏳ 制作时间：**3 天** | 🍴 难易程度：简单

主料

红薯3个（约1500克）

做法 ─────────

1 把红薯清洗干净，去皮备用。

2 放入锅中蒸30分钟，用筷子能轻松穿透就熟了。

3 取出放凉，将红薯切成约1厘米×1厘米×6厘米的条状。

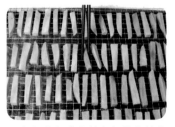

4 切好的红薯条均匀摆放在竹帘上或网架上面，保证上下能通风。

5 将红薯干放在阳光充足并通风的地方晾晒。

6 每隔半天翻个面，3天左右就差不多了。

🍲 制作秘籍

1. 家里有烤箱的小伙伴，用热风循环模式100℃烤2小时，再晾晒1天就可以了。

2. 最好选红心的红薯，比白心或黄心的都要甜一些。

喜欢吃红薯干，弹牙耐嚼，是很好的追剧小零食。买来的红薯干吃着总觉得不放心，那就自己来做吧。蒸熟的红薯切一切，放太阳下自然晾干，这种有阳光味道的红薯干，吃着都觉得更香甜。

宅家看剧，零嘴儿自己做

烤苹果脆片

⏳ 制作时间：**2 小时** ✎ 难易程度：**简单**

主料

苹果1个（约300克）

辅料

柠檬1/2个

做法 ———————

1 苹果洗净，切成4块，去掉果核。

2 把苹果切成约1.5毫米的苹果片。

3 取一个大碗，加入清水，挤入柠檬汁，将苹果片放进去浸泡5分钟。

4 烤箱开100℃开始预热，烤盘铺上油纸。

5 把苹果片均匀摆放在烤盘上，如果盛不下也可排在烤网上。

6 将烤盘和烤网放入烤箱中，上下火100℃烤90分钟即可。

制作秘籍

1. 可借助工具来擦苹果片，薄厚适中即可，太薄容易碎，太厚不容易烤酥脆。

2. 烘烤时间根据自家烤箱温度自行调整，如果烤90分钟不够酥脆，可再多烤一段时间。

3. 切好的苹果片浸泡在柠檬水中，可防止苹果氧化，烤出的苹果皮颜色更漂亮。

买来的苹果总是忘记吃，那就烤成苹果片来消耗一下吧。切完烤一烤，香脆美味，好吃到停不下来！

滑嫩爽口，越吃越漂亮

椰奶木瓜冻

制作时间：15分钟 | 难易程度：简单

主料

木瓜1个 | 牛奶100毫升 | 椰浆150毫升

辅料

白砂糖10克 | 吉利丁粉5克

做法

1 把木瓜冲洗干净，削皮备用。

2 将木瓜切去顶部一小块，用勺子挖掉木瓜子。

3 吉利丁粉放入一个小碗中，加15毫升白开水，搅拌均匀。

4 把椰浆和牛奶倒入奶锅中，放入白砂糖，开小火煮。

5 煮至四周冒小泡，关火，放入吉利丁液搅拌均匀。

6 把煮好的椰奶倒入木瓜内，放冰箱冷藏2小时以上，切块即可食用。

制作秘籍

1．吉利丁粉也可用吉利丁片或鱼胶粉代替，效果是一样的。

2．木瓜要选择红心熟透的，这样做出来的椰奶木瓜冻口感比较甜。

香甜的木瓜配上弹牙爽滑的椰奶冻，入口即化，果香、奶香、椰香萦绕于唇齿之间，一块接一块，好吃到停不下来！做法非常简单，煮一煮，放冰箱冷藏就可以了！

酸酸甜甜，清凉开胃

猕猴桃沙冰

⏳ **制作时间:** 15 分钟

✎ **难易程度:** 简单

🍩 直接吃水果会觉得有些单调，那变个花样来吃吧，把猕猴桃做成冰沙，冰凉爽口又酸甜开胃，比吃冰激凌清爽太多，而且低脂低糖，更健康。

主料

猕猴桃4个

辅料

细砂糖15克 | 凉开水120毫升

做法

1 猕猴桃去皮、洗净，切成1厘米×1厘米的小块。

2 把猕猴桃丁放入搅拌机内，再放细砂糖和凉开水，搅打成泥状。

3 把打好的猕猴桃泥装入保鲜盒内，放入冰箱冷冻3小时至半凝固时，用勺子搅拌成松散状。

4 再放回冰箱冷冻室，重复步骤3两次，至果泥呈细碎冰沙状，即可食用。

🍲 **制作秘籍**

1. 要挑选软一些的猕猴桃，吃起来口感更甜。

2. 如果觉得3小时搅拌一次比较麻烦，可冻硬后切小块，放搅拌机打碎即可。

酸奶与火龙果的甜蜜邂逅

火龙果奶昔

⏳ **制作时间：** 5 分钟

✎ **难易程度：** 简单

🌸　当酸奶邂逅火龙果，便成就了一杯浪漫又美味的火龙果奶昔，香甜细腻，入口顺滑，喝上一口闭眼慢慢回味，甜过初恋。这两种食材的结合，低脂饱腹又营养好喝，只需5分钟就能喝上。

主料

红心火龙果1/2个

辅料

酸奶250毫升

🍲 制作秘籍

1. 火龙果可换成猕猴桃、香蕉、苹果等，一切你喜欢的水果都可以用来做奶昔。

2. 没有搅拌机的小伙伴，用勺子把火龙果压成泥，放入酸奶搅拌均匀就可以啦。

做法

1　红心火龙果去皮，切成小块。

2　留五六块装饰用，其余的火龙果块放入搅拌机中。

3　倒入酸奶，启动搅拌机把火龙果打碎即可。

4　把打好的火龙果奶昔倒入杯子中，放上火龙果块装饰。

酸酸甜甜，每一口都很治愈

蓝莓山药

制作时间：**20 分钟**

难易程度：**简单**

这个甜品简单到家了，特别适合懒人来做。把山药削皮蒸熟，淋上蓝莓果酱，酸酸甜甜的小甜品就能上桌啦！如果夏天吃，冰镇一下，别提有多爽了！

主料

铁棍山药1根（约350克）

辅料

蓝莓果酱2汤匙 ┃ 白醋1汤匙

做法

1 戴上一次性手套，将铁棍山药去皮，洗净备用。

2 把铁棍山药切成6厘米的小段，浸泡在放有白醋的水中，可防止山药氧化变色。

3 锅中加适量水烧开，把山药段放入锅内中火蒸15分钟，用筷子能轻松穿透就熟了。

4 蒸熟的山药段摆放在碟子中，淋上蓝莓酱即可食用。

制作秘籍

1. 给山药去皮时最好戴上一次性手套，防止接触到黏液引起手痒。

2. 铁棍山药比较细，去皮后直接切段就行，如果用普通的山药可切成条状。

3. 如果用的蓝莓果酱比较浓稠，可加少许温水稀释一下再用。

5分钟搞定，和油腻说拜拜

酸奶水果沙拉

⏳ 制作时间：5 分钟

✎ 难易程度：简单

🍩 对于喜欢水果沙拉又比较介意沙拉酱热量的小伙伴来说，可以用酸奶代替沙拉酱，既保持营养，又降低热量，健康美味两不误，只需5分钟就能吃上，快来试试吧。

主料

狝猴桃1个 ｜ 草莓5颗
苹果1/2个 ｜ 火龙果1/3个

辅料

原味酸奶50毫升

（略）

🍲 制作秘籍

1. 水果种类可根据自己口味选择，颜色最好丰富一些，颜值与营养兼得。

2. 选择水果时要注意甜酸互补，软硬结合，这样做出的沙拉口感才会更好。

做法

1 把苹果、狝猴桃和火龙果洗净、去皮，分别切成1厘米见方的小块。

2 草莓清洗干净，去蒂后将一个草莓切成4块备用。

3 取一个沙拉碗，依次放入苹果块、狝猴桃块和火龙果块，最后放草莓。

4 往水果中淋入原味酸奶，拌匀即可食用。

我有红酒，你有故事吗？

红酒炖雪梨

⏳ 制作时间：**30 分钟** | ✎ 难易程度：**简单**

主料

雪梨2个 | 红酒1瓶

辅料

冰糖50克 | 桂皮1小段

做法 ────────────

1 雪梨洗净、去皮备用。

2 把雪梨、冰糖和桂皮放入锅中。

3 红酒倒入锅中，最好用小点的锅，能保证红酒没过雪梨。

4 中火烧开后改为小火慢慢煮，其间多给梨翻身和浇汁，便于上色和入味。

5 大约煮20分钟，梨的颜色和红酒颜色差不多时，可关火。

6 捞出切片装盘即可食用，煮完梨的红酒有梨和桂皮的香气，非常好喝。

🍲 制作秘籍

1．炖梨时多给梨浇汁和翻身，让梨充分浸泡在酒汁中，能更好地上色和入味。

2．也可把梨切成块或片来煮，这样煮完后直接捞出来吃就行。

3．梨煮好后浸泡一下会更入味，煮完梨的红酒可直接喝，也可大火收汁后淋在梨上。

红酒遇上雪梨，注定是一场浪漫的邂逅，雪梨的清甜和肉桂的香气融入红酒中，红酒的酒香气渗透到雪梨中。经过炖煮后，无论是雪梨还是红酒，都别有一番风味，润肺止咳又美容养颜，不煮上一锅试试吗？

🍲 每到夏天，大街小巷都会有卖冰粉的，一碗清爽的冰粉，不仅看上去赏心悦目，吃起来更是弹牙爽滑，开胃消暑。其实在家做冰粉非常简单，省事到都不用开火，来一起学学吧。

不用开火就能做，爽到透心凉
水果冰粉

⏳ 制作时间：50 分钟

🍴 难易程度：简单

主料

冰粉粉10克 | 芒果1/2个
火龙果1/3个

辅料

蜂蜜1汤匙 | 花生碎1汤匙

🍲 制作秘籍

1. 冰粉粉和水的比例一般为 1：50，如果包装盒上注有明确比例，可按说明来。

2. 水果块也可加入到未凝固的冰粉中，凝固后像水果果冻一样，弹牙爽滑。

做法

1 取一个保鲜盒，把冰粉粉放进去。

2 倒入500毫升开水，用勺子搅拌至冰粉粉完全溶化。

3 凉凉后放入冰箱冷藏30分钟以上至凝固状态。

4 冷藏冰粉时处理水果，将芒果和火龙果去皮，切成小块。

5 将凝固的冰粉取出，用刀切成正方形小块。

6 放上芒果块和火龙果块，淋上蜂蜜，撒上花生碎，拌匀即可食用。

第二章

治愈甜品

一口上瘾，
满满的幸福味道

无须打发，吃一口就沦陷

巧克力熔岩蛋糕

⏳ 制作时间：30 分钟 ｜ 🔧 难易程度：中等

主料

黑巧克力120克 ｜ 鸡蛋3个 ｜ 低筋面粉40克

辅料

黄油30克 ｜ 细砂糖30克

做法 ——————

1 把黑巧克力掰成小块，黄油切小块，放入大碗内。

2 大碗放热水中，隔热水搅拌至黄油和黑巧克力完全融化。

3 鸡蛋磕入碗中，加入细砂糖，用打蛋器打至蛋液浓稠，不用打发。

4 将蛋液倒入巧克力黄油液体中，搅拌均匀。

5 低筋面粉分2次加入到巧克力蛋糕糊中，用打蛋器搅拌均匀。

6 把蛋糕糊倒入纸杯模具中，倒八分满就行。

7 放入预热好的烤箱中层，上下火220℃烤10分钟。

8 取出后，撕掉纸杯模具，趁热享用吧。

🍚 制作秘籍

1. 熔岩蛋糕一定要趁热吃，放凉之后巧克力酱会凝固，流动性差一些。

2. 加低筋面粉时最好分两三次加，每加一次搅拌均匀后再加，这样可防止面粉结块、有颗粒。

做蛋糕最头疼的是分离蛋清和蛋黄，还有打发蛋液，这个蛋糕完全不需要这么麻烦，只要你会打散鸡蛋，就能100%做成这款巧克力熔岩蛋糕。做好用叉子戳个洞，浓郁的巧克力就会像岩浆一样流出来，简直太治愈了！

酸酸甜甜，好吃到舔手指
脆皮巧克力草莓

⏳ **制作时间：** 20 分钟 | ✎ **难易程度：** 简单

主料

草莓10颗 | 黑巧克力50克 | 白巧克力50克

辅料

糖珠5克 | 盐2克

做法

1 草莓放水中，加盐浸泡10分钟，取出冲洗干净，沥干备用。

2 取出牙签，从草莓根蒂穿进去，把所有的草莓都插上牙签。

3 把黑巧克力和白巧克力掰成小块，分别放入一个小碗内。

4 将2个小碗放入热水中，搅拌至巧克力完全融化。

5 拿着牙签把草莓放巧克力中滚一圈，一半草莓裹黑巧克力，另一半裹白巧克力。

6 把裹上巧克力的草莓插在支撑物上，撒上糖珠装饰，放凉后巧克力变脆，即可食用。

🍲 制作秘籍

1．洗好的草莓要沥干或用厨房纸巾擦干，表面有水分容易导致巧克力裹得不均匀。

2．嫌用两种颜色巧克力麻烦的小伙伴，可只选择一种巧克力来做。

3．糖珠也可换成坚果碎，如果没有也可以不用任何装饰。

把草莓做成棒棒糖的形状，再裹上一层巧克力，酥脆的表皮、柔嫩汁多的草莓，带给你双重口感享受，酸甜可口，大人小孩都爱吃。

香甜拉丝，好吃一百分！

奶酪焗红薯

⏳ **制作时间：50 分钟** | 🔪 **难易程度：中等**

主料

红薯1个（约350克）

辅料

马苏里拉奶酪碎50克 | 淡奶油30毫升 | 细砂糖10克
黄油15克

做法

1 选个头稍微大点的红薯，将红薯洗净，对半切开。

2 把切好的红薯放烧开水的蒸锅中，开大火蒸20分钟。

3 取出蒸好的红薯，用勺子把红薯肉挖出来，红薯皮内侧要留约5毫米厚的红薯肉。

4 往挖出的红薯肉里趁热加淡奶油、细砂糖和黄油，搅拌成细腻的红薯泥。

5 拌好的红薯泥用勺子盛到红薯壳内，将表面抹平，撒上一层马苏里拉奶酪碎。

6 把红薯放入预热好的烤箱中层，上下火180℃烤18分钟，看马苏里拉奶酪碎融化后即可出炉。

🍲 **制作秘籍**

1．红薯最好选红心、个头稍微大点的，口感更甜糯。

2．淡奶油可增加奶香味，如没有可用牛奶代替。

3．烤制时间根据自家烤箱温度自行调整，奶酪融化就烤好了。

吃腻了普通红薯，来做个奶酪焗红薯吧，比快餐店卖的更好吃！浓香拉丝的奶酪，包裹住甜甜的红薯肉，香软甜蜜，奶香味十足，让人欲罢不能。

无须烤箱，夏天来一口爽翻了

冻奶酪蛋糕

⏳ 制作时间：30 分钟 ┃ 🔧 难易程度：中等

主料

奶油奶酪250克 ┃ 消化饼干80克 ┃ 淡奶油150毫升 ┃ 牛奶100毫升

辅料

黄油40克 ┃ 糖粉60克 ┃ 吉利丁粉8克

做法

1 黄油切小块，放入碗中隔水融化，消化饼干放保鲜袋用擀面杖压成粉末。

2 将饼干粉末和融化的黄油混合拌匀；拌匀的饼干末铺在6英寸蛋糕模底部，用勺子压平，放冰箱冷藏。

3 吉利丁粉中加40毫升白开水，搅拌均匀备用。

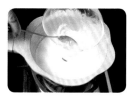

4 把牛奶和淡奶油放入奶锅中，搅拌均匀，小火加热至锅边缘冒小泡，关火，倒入吉利丁粉溶液搅拌均匀。

5 奶油奶酪切成小块，用电动打蛋器打至细腻顺滑，无颗粒。

6 加糖粉后再次用打蛋器打成顺滑状态。

7 将步骤4中的牛奶混合液分3次倒入奶油奶酪中，每一次都用打蛋器打匀后再倒下一次。

8 将搅拌好的奶酪糊倒在消化饼干上，冷藏4小时以上，即可食用。

🍲 制作秘籍

1. 冻奶酪脱模前可用热毛巾捂一下模具外侧或用吹风机吹一圈，方便脱模。
2. 若没有蛋糕模具，可用纸杯模具或保鲜盒代替，分装在几个容器中。
3. 这款蛋糕做完之后应冷藏保存，吃的时候再取出，放室温下容易融化。

冻奶酪蛋糕那浓浓的奶香、冰爽的口感,真是让人回味无穷,自己动手做也不难,无须烤箱,更无须烘焙经验,只需买好材料一步一步跟着来,保证比外卖的好吃,是不是棒棒的?

好吃到飙泪，零基础也能做

雪花酥

⏳ 制作时间：**20 分钟** | ✎ 难易程度：**简单**

主料

雪花酥饼干180克 | 棉花糖160克 | 黄油40克

辅料

奶粉50克 | 蔓越莓干50克 | 草莓干30克

做法

1 把蔓越莓干和草莓干切小丁，雪花酥饼干对半掰开。

2 不粘锅中放入黄油，小火加热至黄油完全融化。

3 倒入棉花糖，继续小火加热，用硅胶铲不停搅拌至棉花糖融化。

4 加入约2/3奶粉，搅拌至奶粉和棉花糖完全融合在一起。

5 倒入切好的蔓越莓和草莓丁，再放入雪花酥饼干，快速搅拌均匀，关火。

6 将搅拌好的雪花酥混合物倒入烤盘中，整形后用擀面杖擀平压实。

7 把剩余的1/3奶粉撒在表面，这就是雪花酥表面的雪花。

8 用刀把雪花酥切成块状，即可食用。

🥘 制作秘籍

1. 做雪花酥一定要用不粘锅，不然会粘到你怀疑人生，炒融化的雪花酥很难倒出来。
2. 全程用小火，而且要不停地用硅胶铲搅拌，防止锅底部分炒糊影响口感。
3. 除了蔓越莓干和草莓干，还可加入杏仁、花生米等，口感和营养会更丰富。

风靡全网的雪花酥，没想到做法如此简单，零厨艺也能轻松做成功。而且自己做也很放心，零添加，做好的雪花酥，轻咬一口，嚼劲十足，每一块都带给你满满的幸福感！

软糯香甜，蒸一蒸就能吃

紫薯糯米糍

⏳ 制作时间：35 分钟 | ✐ 难易程度：简单

主料

紫薯2个（约100克） | 糯米粉100克 | 牛奶80毫升

辅料

细砂糖10克 | 椰蓉50克 | 奶酪60克

做法 ——————————

1 将紫薯去皮、洗净，切成3毫米薄片，放入蒸锅蒸15分钟。

2 把蒸熟的紫薯放入大碗中压成泥，然后过筛一遍，紫薯泥会更细腻。

🍲 制作秘籍 ——

1．紫薯也可换成红薯、南瓜等软糯易压成泥的食材。

2．蒸紫薯糯米球时要垫上一层油纸或刷一层油，防止粘在蒸屉上。

3 加牛奶、糯米粉和细砂糖，揉成光滑的面团。

4 糯米团分成20份，每一份揉圆压扁，放入奶酪后收口揉圆。

5 将包好的紫薯糯米球放入铺油纸的蒸锅上，大火蒸10分钟。

6 蒸熟的紫薯糯米球放入椰蓉中翻滚，表面裹满椰蓉，紫薯糯米糍就做好了。

给普通的糯米糍加点紫薯和奶酪，瞬间颜色和口感提升好多，看着紫色的糯米糍，少女心都要被融化了，咬开之后是诱人的奶酪拉丝，更是让人欲罢不能，一吃就停不下来。

水果木糠杯

⏳ 制作时间：10分钟 | ✎ 难易程度：简单

主料

奥利奥饼干200克 | 淡奶油250毫升 | 芒果2个（约300克）
红心火龙果1/2个

辅料

炼乳25毫升

做法 ────────────

1 把奥利奥饼干的夹心去掉，饼干装入袋子中用擀面杖压碎备用。

2 芒果和红心火龙果分别去皮，切成约1厘米见方的小块。

3 淡奶油加炼乳用打蛋器打成出现纹路的奶油状。

4 将淡奶油倒入裱花袋中，在底端剪个小口子。

5 准备好木糠杯，放一层饼干碎，挤一层奶油，这样交替放入杯子至八分满。

6 撒上一层芒果块和火龙果块，水果木糠杯就做好啦。

🍲 制作秘籍

1. 做好的木糠杯冷藏1小时口感更佳。
2. 奶油也可换成浓稠型酸奶，免去打发步骤，做起来更简单。

木糠杯是一款很适合新手做的甜品，不用烤箱，无须太多食材，只需处理一下饼干和奶油，然后一层层放入杯中，高颜值又好吃的小甜品就做好了。

无油少糖，好吃不发胖
红薯千层塔

⏳ 制作时间：30 分钟 ｜ ✎ 难易程度：简单

主料

红薯1个（约250克） ｜ 牛奶150毫升 ｜ 面粉70克 ｜ 鸡蛋2个

辅料

泡打粉3克 ｜ 杏仁片10克 ｜ 细砂糖10克

做法

1 红薯洗净、去皮，切成约2毫米薄片或用工具擦成片也可以。

2 将红薯片放入开水中煮90秒捞出，沥水备用。

3 鸡蛋磕入碗中打散，放牛奶、面粉、泡打粉和细砂糖，搅拌均匀成光滑面糊。

4 把红薯片放入面糊中翻拌一下，使每个红薯片都裹上面糊。

5 取一个6英寸圆形蛋糕模具，底部和四周铺上油纸。

6 把红薯片一层层摆放进去，把剩余的面糊倒入模具中，撒上杏仁片。

7 蛋糕模具放烤盘上，把烤盘放预热好的烤箱中层，上下火200℃烤20分钟。

8 取出脱模，切块即可食用。

🍲 制作秘籍

1. 红薯也可换成紫薯，也可以两者混合在一起，颜值高、口感更丰富。

2. 面糊中放点泡打粉，能使红薯千层塔更蓬松，口感更好。

红薯这样做好吃到逆天了，1个红薯加2个鸡蛋、1杯牛奶、1碗面粉，做成低脂又好吃的甜品，无油少糖，低卡又解馋。

视觉和味觉的双重享受

双色懒人版冰激凌

⏳ 制作时间：15分钟 | 🔧 难易程度：简单

主料

淡奶油350毫升 | 红心火龙果1/4个 | 牛油果1个

辅料

白糖10克

做法

1 将红心火龙果去皮，果肉用勺子压成泥状。

2 牛油果去皮、去核，切小块，用勺子压成细腻的果泥。

3 白糖放入淡奶油中，用打蛋器打成有纹路的浓稠奶油状。

4 将打好的奶油分成2份，1份加火龙果泥拌匀，另1份加牛油果泥拌匀。

5 取一个保鲜盒，把火龙果泥奶油倒入盒子铺平，上面倒入牛油果泥奶油，再铺平。

6 放入冰箱冷冻一晚上，取出挖球即可食用。

🍚 制作秘籍

1. 用勺子压的果泥会有一些小颗粒，不影响口感，如果想细腻一些可把果泥过筛。

2. 水果可换成自己喜欢的任意口味，最好两种水果颜色相差大一些，视觉效果更好。

这个冰激凌非常适合懒人来做，真是超级简单，只需4种家常用料，简单搅拌一下，就能做出美翻了的双色冰激凌，无论从视觉还是味觉上都是一种享受。

一口香糯，甜到心坎里

南瓜糖不甩

⏳ 制作时间：30 分钟 | ✎ 难易程度：简单

主料

去皮南瓜100克 | 糯米粉100克

辅料

红糖20克 | 熟花生碎5克 | 熟芝麻碎3克

做法

1 把南瓜切成3毫米薄片，放锅中蒸15分钟，能用筷子轻松穿透就熟了。

2 将南瓜片中的汤汁倒掉，用勺子把南瓜压成泥。

3 趁热加糯米粉，搅拌均匀，揉成光滑无干粉的面团。

4 将面团分成约15克一份，揉成小圆球。

5 锅中加水烧开，放入南瓜圆子，中火煮至浮在水面，捞出，用冷水浸泡待用。

6 另起锅加红糖和200毫升水，小火煮开后放入南瓜圆子。

7 煮至汤汁浓稠后关火，其间要翻动一下南瓜圆子使其上色均匀。

8 将煮好的南瓜圆子连红糖汁一并倒入碗中，撒上熟花生碎和熟芝麻碎即可食用。

🍲 制作秘籍

1. 因不同品种南瓜含水量有差别，糯米粉用量可自行调整，能揉成光滑面团就可以。

2. 南瓜圆子一次可多做一些，滚上干糯米粉，冷冻保存，吃的时候煮熟即可。

糖不甩是广东比较流行的小甜品，香甜软糯的口感让心情瞬间大好，在普通糖不甩基础上加南瓜泥，吃起来更加美味，一口一个，越吃越想吃。如此美味的糖不甩，做起来却丝毫不麻烦，来一起学学吧。

最简单的比萨做法

吐司比萨

⧗ 制作时间：25 分钟 | ✎ 难易程度：简单

主料

吐司2片 | 火腿肠1根 | 马苏里拉奶酪碎50克

辅料

玉米粒50克 | 青豆50克 | 比萨酱1汤匙

做法 ———————

1 把青豆和玉米粒放开水中煮1分钟，捞出沥水；火腿切薄片。

2 将2片吐司放烤盘上，在吐司表面分别刷一层比萨酱。

3 分别撒上一层马苏里拉奶酪碎，均匀铺上青豆和玉米粒。

4 接着再把火腿片平铺上去，再撒上一层马苏里拉奶酪碎。

5 烤箱180℃预热10分钟，然后把烤盘放烤箱中层。

6 上下火180℃烤8~10分钟，待马苏里拉奶酪碎融化后即可取出食用。

🍲 制作秘籍

1. 家里若没有比萨酱，就用番茄酱代替，一样好吃。

2. 如果没有烤箱，用平底锅加少许油，小火煎至奶酪融化，也能做出好吃的比萨。

想吃比萨又懒得和面？那就来做个超级简单的比萨吧。用吐司做比萨底，家里有什么蔬菜就放一些，再加上比萨酱和奶酪，烤上几分钟，香浓的比萨就出炉啦！

奶酪和玉米的完美搭配

黄金奶酪玉米烙

⏳ 制作时间：20 分钟 | ✎ 难易程度：简单

主料

甜玉米1根 | 马苏里拉奶酪碎50克

辅料

玉米淀粉20克 | 细砂糖5克 | 油1汤匙

做法 ━━━━━━━━━━━━━━━━━

 制作秘籍

1. 剥好的玉米粒冲洗一下，可使表面湿润，容易粘上淀粉，更容易做成功。

2. 玉米粒下锅后，不要翻面，否则易散开，如果担心煳锅，轻轻转动锅子即可。

1 把甜玉米用小刀削下来一行，再沿着削出的缝隙用手一行行剥下来。

2 玉米粒放漏勺中用清水冲洗一遍，沥水，加玉米淀粉拌匀使每个玉米粒都裹上淀粉。

3 锅中倒油，烧至七成热，倒入玉米粒，用铲子把玉米粒压平整理成圆形。

4 小火煎3~4分钟，待玉米烙开始定形，把马苏里拉奶酪碎均匀撒上去。

5 盖上盖子，小火慢煎至马苏里拉奶酪碎完全融化，关火。

6 在玉米烙表面撒上细砂糖，盛出切小块即可享用。

加了奶酪的玉米烙，酥脆香甜的基础上增加了浓浓的奶香味，还有迷人的拉丝，下午茶来上这么一份玉米烙简直太治愈了。做起来非常简单，剥粒后拌一拌，然后小火煎熟就可以啦！

一口平底锅就能轻松搞定
铜锣烧

⌛ 制作时间: 40 分钟 | ✎ 难易程度: 简单

主料

低筋面粉130克 | 糖粉30克 | 鸡蛋2个 | 牛奶80毫升 | 豆沙馅150克

辅料

黄油10克 | 泡打粉2克

做法

1 鸡蛋磕入碗中,用筷子打散;黄油隔水融化,倒入蛋液中搅拌均匀。

2 筛入低筋面粉、泡打粉和糖粉,倒牛奶搅拌均匀。

3 将搅拌好的面糊盖上保鲜膜,静置20分钟。

4 平底锅烧热转小火,用勺子舀面糊朝锅中心往下倒,面糊会形成小圆饼。

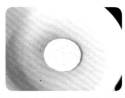

5 等小圆饼表面形成很多小气泡,气泡开始破裂的时候就可以翻面了。

6 翻面后再煎半分钟左右,小饼熟了就能出锅了,依次把所有的小饼煎熟。

7 取适量豆沙馅放在小饼颜色浅的一面,上面再放上一个小饼,捏紧后铜锣烧就做好啦。

8 用同样方法把所有的铜锣烧做好,开始享用吧。

🍽 制作秘籍

1. 面糊拌匀后静置20分钟可更加顺滑,这样做出来的铜锣烧会比较圆。

2. 要全程小火,表面形成的气泡开始破裂时再翻,这样上色漂亮,也能保证小饼熟透。

3. 如果没有低筋面粉,也可用普通面粉代替,口感上不会有太大差别。

只需一个平底锅，就能做出哆啦A梦爱吃的铜锣烧。拌匀面糊，煎熟两面，夹上豆沙馅就能开吃啦，比蛋糕还好吃！

一学就会，又香又酥又脆！

焦糖核桃仁

制作时间：20 分钟 | 难易程度：中等

主料

核桃仁200克 | 冰糖150克

辅料

熟白芝麻5克

做法

1 核桃仁放锅中，中小火炒至表面微黄，闻到香味时，关火倒出凉凉。

2 锅中放150克冰糖、150毫升清水，开小火慢慢熬。

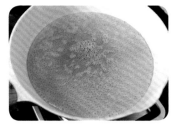

3 熬至起大泡，然后逐渐变小泡、糖液呈金黄色，改微火。

4 迅速倒入核桃仁，撒入熟白芝麻，快速翻拌均匀后关火。

5 将裹好糖液的核桃仁倒在铺了油纸的烤盘上。

6 用筷子把核桃仁一个个分离开，凉凉后即可食用或密封保存。

制作秘籍

1．熬焦糖液的时候一定要全程小火，以防熬煳、口感变苦。

2．炒熟的核桃仁要彻底凉凉后再裹糖浆，这是确保香酥的关键。

3．有烤箱的小伙伴可把炒改为烤，上下火 150℃烤 10 分钟即可。

裹着晶莹剔透的焦糖外壳，一口咬下去，酥、脆、香、甜，真是美味又益智补脑的小零食。这么好吃的核桃仁，做起来超简单，只要你会简单翻炒，就能轻松做成功。

酥到掉渣，香香脆脆超好吃

蜂蜜吐司条

⏳ 制作时间：15分钟 ｜ ✎ 难易程度：简单

主料

吐司2片

辅料

黄油10克 ｜ 蜂蜜1汤匙 ｜ 粗砂糖3克

做法

1 把吐司切去四边，切成宽约1
厘米的长条。

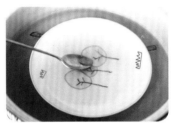

2 黄油隔热水融化，把蜂蜜加进
去搅拌均匀。

3 用筷子夹着吐司条放入黄油
中，翻面使其均匀裹上黄油液。

4 烤盘铺油纸，把裹上黄油的吐
司条均匀摆放好。

5 在吐司条上撒粗砂糖，增加香
甜的口感。

6 把烤盘放入预热好的烤箱中
层，上下火180℃烤10分钟即可。

🍲 **制作秘籍**

1. 吐司四边口感偏硬一些，
去掉后会更酥脆，如果嫌麻
烦可不去掉。

2. 喜欢蒜蓉味的朋友，可把
蜂蜜换成蒜末和小葱末，烤
出来是另一种口感。

冰箱里总会有吃不完的吐司片,稍不注意就将面临过期,把它拿出来刷点蜂蜜烤一烤,香甜酥脆,比饼干好吃100倍!

晶莹剔透，紫薯蒸出新高度

水晶薯球

⌛ 制作时间: 40 分钟 | 🍴 难易程度: 简单

主料

紫薯2个（约200克） | 西米50克

辅料

细砂糖10克 | 炼乳30毫升

做法

1 将西米放入开水中煮1分钟，捞出沥水，用凉白开冲洗一下可防止粘连。

2 把紫薯去皮、洗净，切成约5毫米见方的小丁，放锅中蒸10分钟。

3 蒸熟的紫薯丁放入大碗中，用勺子压成泥，加炼乳和细砂糖搅匀。

4 把紫薯泥分成10等份，用掌心揉圆。

5 紫薯球在西米中滚一下，使其表面均匀裹上西米。

6 把裹上西米的紫薯球放入碟子中，中火蒸约20分钟，至西米变透明就可以了。

🍲 制作秘籍

1. 西米先煮一下，可使其吸收一些水分，蒸的时候更易熟。

2. 煮后的西米用凉白开冲一下，可防止粘在一起，更好进行后面的操作。

买来的紫薯不是蒸就是煮，咱们来换新吃法，做成既有情调又漂亮的水晶薯球，外表晶莹剔透，口感香甜软糯，一口一个，孩子特别喜欢！

手抓饼的另一种打开方式

香肠可颂

⏳ 制作时间：30 分钟 ｜ ✎ 难易程度：简单

主料

速冻手抓饼1张 ｜ 小香肠6根

辅料

鸡蛋黄1个 ｜ 黑芝麻3克

做法 ─────────

🍲 制作秘籍

1 把速冻手抓饼拿出来，放冰箱冷藏室回温，稍微变软就行。

2 用刀将手抓饼切成6份，尽量使每份都像三角形。

1. 手抓饼回温到稍微变软，能用刀切开就行，不要等太软，否则切的时候容易粘刀。

3 取一个小香肠，放在三角形饼皮宽的一头，开始卷起来。

4 依次把所有小香肠都卷好，开始预热烤箱，180℃预热5分钟。

2. 烘烤时间可根据自家烤箱温度自行调整，至可颂表面变金黄色就可以了。

5 蛋黄打散，用刷子把蛋黄液刷在可颂的表面，再撒上黑芝麻点缀。

6 可颂放在铺了油纸的烤盘上，放入预热好的烤箱中层，上下火180℃烤15分钟即可。

088

手抓饼新的打开方式：切一切，卷上烤肠，刷上蛋液，烤15分钟，好吃的小可颂就出炉了！无须和面的懒人版可颂，真的超级简单，做起来吧。

零难度零失败，酥脆掉渣超好吃

快手香蕉派

⌛ 制作时间：30 分钟 | 🍴 难易程度：简单

主料

冷冻蛋挞皮8个 | 香蕉1根

辅料

鸡蛋黄1个 | 黑芝麻3克

做法

1 将冷冻蛋挞皮从冰箱里拿出来软化5分钟。

2 香蕉去皮，放入小碗中，捣成泥备用。

3 挖1大勺香蕉泥，放蛋挞皮中心，然后对折，去掉锡纸壳。

4 用叉子压紧边缘，依次把香蕉派都做好。

5 鸡蛋黄打散，用刷子刷在蛋挞皮表面，撒上黑芝麻装饰。

6 将香蕉派放烤盘上，放入预热好的烤箱中层，上小火180℃烤20分钟即可。

🍲 **制作秘籍**

1. 香蕉要选熟透的，吃起来口感更香甜。喜欢吃甜味浓一些的，可加一些白糖。
2. 蛋挞皮放室温下软化 5 分钟左右就行，软化时间太久会变黏，不好操作。

这个香蕉派真的简单到家了，新手第一次做都能100%成功。用料简单，只要家里有蛋挞皮和香蕉就可以；操作方便，把香蕉泥和蛋挞皮组装在一起，烤一烤就可以啦!

Good-Tasting
— Delectable —
Modern Style

越嚼越香，一吃就停不下来

芝麻薄脆

⧖ 制作时间：**30 分钟** | ✎ 难易程度：**简单**

主料

鸡蛋2个 | 低筋面粉80克 | 白芝麻5克 | 黑芝麻5克

辅料

黄油30克 | 细砂糖10克

做法 ————————————

1 黄油隔水融化，鸡蛋磕入碗中打散。

2 将融化的黄油倒入蛋液中，搅拌均匀。

3 蛋液中加细砂糖，筛入低筋面粉，搅拌至无干粉颗粒的光滑面糊。

4 加白芝麻和黑芝麻，搅拌均匀；开始预热烤箱，160℃预热5分钟。

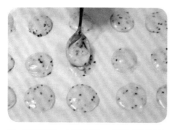

5 烤盘铺一层油纸，用勺子舀少许面糊倒入烤盘上，形成一个个小圆饼。

6 把烤盘放入预热好的烤箱中层，上下火160℃烤12分钟即可。

🍽 制作秘籍

1. 黄油也可换成橄榄油、玉米油等气味不大的植物油。

2. 没有烤箱的小伙伴也可用平底锅小火煎熟，煎至两面焦黄，放凉就酥脆了。

薄薄的一层，咬一口又香又脆，一个接一个，好吃到停不下来。这么好吃的小点心，做起来一点也不难。把鸡蛋和黄油混合在一起，加上面粉、芝麻和糖，搅匀后用勺子做成小圆饼，烤一烤就可以了，焦香酥脆，越嚼越香！

無須烤箱，蒸10分钟就能吃上

焦糖布丁

⏳ 制作时间：20 分钟 | ✎ 难易程度：简单

主料

牛奶250毫升 ｜ 鸡蛋2个 ｜ 鸡蛋黄1个

辅料

细砂糖50克 ｜ 淡奶油25毫升

做法

1 取45克细砂糖和100毫升水，倒入奶锅中，小火慢慢熬。

2 熬至开始冒大泡，继续小火熬，用铲子搅拌至浆状后停止搅动，熬至变为焦糖色关火。

3 将熬好的焦糖趁热分装到3个布丁瓶内。

4 把鸡蛋磕入大碗中，放鸡蛋黄，用筷子打散。

5 再将淡奶油、牛奶和5克细砂糖倒入大碗中，用筷子搅拌均匀。

6 将混合均匀的布丁液过筛2次，去除掉气泡，可使布丁更光滑。

7 把布丁液分装到3个布丁瓶内，每个瓶子装八分满，盖上保鲜膜或锡纸。

8 布丁瓶放入烧开水的蒸锅中，小火蒸10分钟即可。

🍲 制作秘籍

1．布丁液一定要过筛，这样做出的布丁才会光滑细腻无气泡。

2．家里有烤箱的小伙伴也可以选择烤：160℃，烤盘内放一些水，烤 30 分钟左右。

3．蒸出来的布丁口感细嫩一些，烤的布丁口感更紧致，大家根据自己的喜好选择。

4．没有布丁瓶的可用小碗代替，放淡奶油可增加奶香味，家里若没有可省略。

💧 无须烤箱、不用打蛋器，只需把牛奶和鸡蛋混合在一起，放点淡奶油增加奶香味，上锅一蒸就可以，大人孩子都爱吃。

第三章 治愈甜品 一口上瘾，满满的幸福味道

金黄酥脆，咬一口直掉渣

平底锅鸡蛋卷

⏳ 制作时间：**30 分钟** | ✎ 难易程度：中等

主料

鸡蛋4个 | 低筋面粉100克

辅料

细砂糖50克 | 黄油100克 | 黑芝麻5克 | 盐1克

做法

1 鸡蛋磕入盆中，放融化的黄油、细砂糖和盐，用蛋抽打至细砂糖化开。

2 往蛋液中筛入低筋面粉，搅拌成无颗粒的浓稠面糊。

3 放入黑芝麻搅拌均匀，加芝麻有增香的作用。

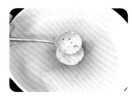

4 平底锅放炉灶上开小火，锅还没热的时候舀一勺面糊，朝着中心倒进去。

5 迅速转动锅，将面糊摊成薄薄一层，越薄越脆。

6 饼的边缘开始变焦黄时，借助铲子翻面，另一面也烤至焦黄，关火。

7 拿一双筷子夹住一边的边缘，开始卷起来，卷成蛋卷，抽出筷子，放一边凉凉。

8 平底锅冷却后再做下一个，可以用湿步擦一下加快冷却，依次把所有蛋卷做好即可。

🍲 制作秘籍

1．做鸡蛋卷时用黄油会更酥脆，如果没有黄油可换成玉米油。

2．面糊放入锅内的时候，锅要凉或微温，热锅会使面糊快速凝固，做出的蛋饼太厚，蛋卷不酥脆。

3．煎蛋饼时一定要小火慢煎至两面焦黄，这样做出的蛋卷才会脆。

还记得儿时的蛋卷吗？浓浓蛋香，金黄酥脆，在家用平底锅就能做，而且用的都是家中常见的食材，不含添加剂，轻轻一碰，酥得掉渣。

不用开火，10分钟搞定

肉松小贝

⌛ 制作时间: 10 分钟

✎ 难易程度: 简单

🍩 超喜欢鲍师傅家的肉松小贝，每次买都要排队，自己做又很烦琐，那就来个极简版的吧。这可能是最简单的肉松小贝做法了，用吐司片来做，无须开火，无须任何烘焙工具，新手也能轻松做出来，而且口味跟买来的一模一样，吃一口就会爱上。

主料

吐司2片 | 肉松100克

辅料

海苔1片 | 沙拉酱60克
熟白芝麻5克 | 熟核桃仁15克

做法 ————

1 把海苔捏碎、熟核桃仁切成小块，放入小碗中，加肉松和熟白芝麻，拌匀备用。

2 将1片吐司用杯口压出4片圆形小面包片，2片吐司共压出8片。

3 取一片小面包片，挤上一层沙拉酱，再盖上另一片，依次把所有面包片组装好。

4 在面包片的四周均匀挤上沙拉酱，用刷子抹匀，放进肉松中滚一圈，肉松小贝就做好了。

🍚 制作秘籍

1. 如果有现成的蛋糕坯，也可把蛋糕切成薄片来做，口感会更加松软。

2. 沙拉酱可换成蛋黄酱，根据自己的口味选择。

5分钟搞定热销小甜品

奥利奥麦旋风

⏳ 制作时间：5 分钟

✎ 难易程度：简单

🍩 想吃麦旋风，又不想出门买，那就自己动手做吧，只需3种食材，简单4步，5分钟就能搞定，无论在办公室或在家想吃，都可以来上一杯。

主料
粉色奥利奥饼干1袋
浓稠酸奶200毫升

辅料
坚果麦片50克

 制作秘籍

1. 做好的麦旋风放冰箱冷藏1小时以上，味道更佳。

2. 选择浓稠型酸奶，做出的麦旋风味道更好，冷藏后有冰激凌的口感。

3. 酸奶也可换成淡奶油，奶香味更浓，大家依据自己的喜好选择。

做法

1 把粉色奥利奥饼干的夹心去掉。

2 饼干放入保鲜袋中，用擀面杖擀碎。

3 取一个透明的玻璃杯，先放一层奥利奥饼干碎。

4 再倒一层酸奶，依次把杯子装八分满，撒上坚果麦片即可。

会拉丝的饼干，一学就会

牛轧饼干

⏳ 制作时间：**20分钟** | ✎ 难易程度：**简单**

主料

苏打饼干40块 | 棉花糖100克

辅料

黄油40克 | 奶粉35克 | 蔓越莓干50克 | 熟花生仁50克

做法

1 把蔓越莓干和熟花生仁分别切碎备用。

2 黄油放平底锅中，小火加热至融化。

3 放入棉花糖，用硅胶铲翻炒，炒至棉花完全融化后关火。

4 迅速加奶粉，翻拌均匀，再加蔓越莓干碎和花生仁碎快速拌匀。

5 取一块苏打饼干，用小勺挖一块牛轧糖放上去，盖上另一块饼干，牛轧饼干就做成了。

6 用同样方法把所有苏打饼干都做完，即可食用。

制作秘籍

1．一定要用不粘锅和不粘的硅胶锅铲，不然会粘到锅上和铲子上，很难处理。

2．做牛轧饼干时要快，牛轧糖放凉之后会变硬，不好操作，小火加热一下就能回软了。

3．把棉花糖熬化之后要马上关火，熬时间太长拉丝效果会差一些。

对拉丝的食物没有任何的抵抗力，比如这款会拉丝的牛轧饼干，第一次吃就深深爱上了它，于是开始尝试自己做，没想到出奇的简单，一次就做成功了。夹心加了一些花生碎和蔓越莓干，给饼干增加了香浓和酸甜的口感，吃起来非常美味。

香浓酥脆，吃出好心情

趣多多

⏳ 制作时间：**60 分钟**
🖊 难易程度：简单

🍩 巧克力控最爱的一款小饼干，咬一口下去，浓郁的巧克力味道夹带着巧克力豆，酥脆可口，吃着能让人心情变好。做法很简单，新手毫无压力，快来试试吧。

主料

低筋面粉160克 | 巧克力豆60克

辅料

鸡蛋黄1个 | 可可粉30克
糖粉80克 | 黄油90克

做法 ───────

1 黄油切小块，放室温软化，加糖粉打至蓬松、颜色发白。

2 鸡蛋黄打散，分2次倒入黄油中，每次倒入都要充分搅拌均匀。

3 把可可粉和低筋面粉筛进去，揉成面团，盖上保鲜膜松弛半小时。

4 取出松弛好的面团，分成每个约20克的小份，揉圆，按压成小饼。

5 把巧克力豆按压在小饼表面，放在铺油纸的烤盘上，烤箱160℃预热5分钟。

6 将烤盘放入预热好的烤箱中层，上下火160℃烤20分钟即可。

🍲 制作秘籍

1. 巧克力豆可揉在面团中，也可镶嵌在表面，吃起来口感一样，后者看着更美观。

2. 一定要选择耐高温的巧克力豆，不然一烤全化了，口感和外观都会受影响。

第 三 章

养颜甜品
轻松吃出好气色

香甜软糯，1分钟学会

心太软

⌛制作时间：60 分钟 | ✎ 难易程度：简单

主料

红枣200克 | 糯米粉100克

辅料

白糖30克 | 糖桂花2汤匙

做法

1 红枣放清水中浸泡30分钟吸收水分，这样去核的时候好操作。

2 糯米粉中少量多次加温水，能揉成光滑的面团就行。

3 泡好的红枣沥水，把红枣用小刀切开一侧，取出枣核。

4 取小块糯米面团，用手揉成长条状塞进红枣里，用手捏紧。

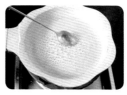

5 依次把所有红枣都塞上糯米面团，摆放在碟子中。

6 放入蒸锅中大火烧开，转中火蒸10分钟。

7 另起锅，倒入100毫升水，加白糖，小火煮至白糖溶化。

8 放入糖桂花，继续小火煮至变黏稠，淋在蒸好的红枣上即可。

🍚 制作秘籍

1. 红枣要选中等大小的，容易操作，太小的不好去核，太大的蒸时不易熟，也不美观。

2. 这款小甜品冷吃、热吃均可，热吃口感甜糯，冷吃会弹牙一些。

❀　红枣包裹着糯米，被大家称为"心太软"，软糯香甜，还有淡淡的桂花香，是众多女性喜爱的小甜食。红枣有一定的补气血作用，经常吃气色会变好哦。这么营养又好吃的甜品，做法非常简单，看一遍就能学会。

红糖枣糕

⏳ 制作时间：50 分钟　　🔧 难易程度：简单

主料

红枣130克　|　低筋面粉180克　|　鸡蛋5个　|　红糖100克　|　玉米油80毫升

辅料

泡打粉3克　|　小苏打2克　|　白芝麻5克　|　核桃仁60克

做法

1 红枣用清水冲洗干净，对半切开，去掉枣核；核桃仁切碎备用。

2 把红枣放入锅中，加入刚没过红枣的水，中小火煮至汤汁收干。

3 将煮好的红枣放入小盆中，加红糖，用打蛋器搅拌均匀，此时红枣会成枣泥。

4 鸡蛋打入红枣泥中，用打蛋器搅拌均匀，拌匀即可，无须打发。

5 把低筋面粉、泡打粉和小苏打过筛，放入红枣泥中，翻拌均匀至无干粉颗粒。

6 倒入玉米油、放核桃仁碎，用铲子再次翻拌均匀。

7 烤盘铺油纸，把红糖枣泥面糊倒入，撒上白芝麻，轻轻震动烤盘，震出气泡。

8 把烤盘放入预热好的烤箱中层，上下火150℃烤25分钟即可。

🍮 制作秘籍

1. 具体烘烤时间需根据自家烤箱情况自行调整，把牙签插进去，拔出后无面糊粘在牙签上就熟了。

2. 我在普通红糖枣糕的基础上加了一些核桃仁，口感和营养更丰富，也可加自己喜欢的其他坚果。

3. 若没有烤箱，也可以蒸熟，把水烧开后放入，中火蒸 30 分钟左右即可。

　　每次路过枣糕店都会看到很多人在排队，刚出锅的红糖枣糕，松软香甜，还能补血养颜，很受女孩子喜欢。与其在街上排队，不如把手艺学回来，自己在家做，无须揉面和发酵，只需搅匀成面糊，烤一烤就能吃上。

绵软香甜，无添加、零失败

山药红豆糕

⏳ **制作时间：** 40 分钟 ｜ ✎ **难易程度：** 简单

主料

山药1根（约300克） ｜ 红豆馅150克

辅料

牛奶30毫升 ｜ 白糖20克

做法 ———

1 山药洗净、去皮，切成约5厘米的小段。

2 放入蒸锅中，蒸20分钟左右，能用筷子轻松穿透就熟了。

3 把蒸熟的山药装入保鲜袋中，先用擀面杖压扁，然后擀成泥。

4 山药泥倒入大碗中，放入牛奶和白糖，用勺子搅拌均匀成细腻的山药泥。

5 取一块约25克的山药泥，揉圆，按压成小饼。

6 挖一勺红豆馅放上去，把山药小饼收口，揉圆。

7 放模具中，压出自己喜欢的形状，倒扣出来就成型了。

8 重复步骤5-7，把所有山药红豆糕做好，即可享用。

🍚 制作秘籍 ———

1．山药中的黏液会使皮肤发痒，给山药削皮的时候要戴上一次性手套。

2．如果想做出非常细腻的山药泥，可把蒸熟的山药和牛奶放入搅拌机，搅拌30秒即可。

山药可健脾养胃，红豆补气血，这两种食材结合在一起做成的山药红豆糕非常美味。口感绵软的山药泥包裹着香甜的红豆馅，解馋美容还养颜，作为下午茶或饭后甜点，不仅可以饱腹，还有很高的营养价值。

冰凉弹牙，酸甜可口
鲜橙果冻

制作时间：15分钟 | 难易程度：简单

主料

橙子1个

辅料

细砂糖10克 | 吉利丁片1/2片

做法

1 吉利丁片放入小碗中，倒入凉水，泡软备用。

2 橙子用清水冲洗一下，对半切开。

3 用勺子把橙子果肉取出来放在碗中。

4 把橙子果肉放入漏勺中，用勺子按压出橙汁。

5 锅中加约100毫升清水，放细砂糖和泡软的吉利丁片。

6 小火煮至吉利丁片溶化，倒入橙汁，煮至微开，关火。

7 把煮好的橙汁倒入橙子皮中，放冰箱冷藏2小时以上至完全凝固。

8 取出切成小瓣，即可食用。

制作秘籍

1. 橙汁不宜久煮，以免长时间加热营养被破坏。

2. 吉利丁片也可换成琼脂或鱼胶粉，用量为2克。

3. 用同样方法可以做多种水果果冻，只要能榨汁的水果就行。

酸酸甜甜的橙子富含维生素C，经常吃可增强免疫力、美白嫩肤。单纯吃橙子有些单调，我们把它做成果冻，弹牙爽滑，酸甜可口，小朋友也可以放心吃哦。

松软香甜，越吃越漂亮

玫瑰蜂蜜松饼

制作时间: 15 分钟 | 难易程度: 简单

主料

面粉100克 | 鸡蛋1个 | 牛奶150毫升 | 玫瑰酱1汤匙

辅料

细砂糖15克 | 蜂蜜1汤匙 | 泡打粉1克

做法 ————

1 鸡蛋磕入碗中，用筷子打散。

2 蛋液中放牛奶和玫瑰酱搅拌均匀。

3 将面粉、细砂糖和泡打粉放入蛋液中，用筷子搅拌成光滑无颗粒的面糊。

4 平底锅烧热改小火，无须放油，用勺子舀面糊倒入锅中，转动锅子形成小圆饼。

5 小火煎至面糊凝固后翻面，煎至另一面金黄，盛出来。

6 依次把所有的松饼煎完，摆放入碟子中，淋上蜂蜜即可食用。

🍲 制作秘籍

1. 用不粘锅煎松饼可以不放油，如果用普通锅就要放少许油，不然容易粘锅。

2. 可以切一些水果粒装饰松饼，既好看又增加营养。

　　松软香甜的松饼，没有一个女孩子会拒绝，作为早餐或下午茶都不错，加了玫瑰酱不仅增香提味，还有美容养颜的作用。让你越吃越漂亮的小甜品，有没有心动呢？

网红奶枣

⧗ 制作时间: **20 分钟** | ✎ 难易程度: **简单**

主料

红枣20颗 | 巴旦木20颗 | 棉花糖60克

辅料

奶粉40克 | 黄油15克

做法

1 用硬的粗吸管从红枣中心穿过去，将枣核去掉。

2 把巴旦木塞进红枣中，每个红枣塞一颗。

3 黄油放平底锅中，小火加热至融化。

4 放入棉花糖，用硅胶铲翻拌至完全融化后关火。

5 加20克奶粉，拿硅胶铲快速翻拌均匀。

6 放入红枣快速搅匀，使每颗红枣都裹上棉花糖。

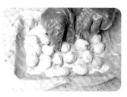

7 戴上一次性手套，趁热将红枣一颗颗分开，揉圆，裹上剩余奶粉即可。

🧁 制作秘籍

1. 最后一步分离红枣时要快，棉花糖放凉后会变硬，就不容易整形和裹奶粉了。

2. 巴旦木也可换成腰果、开心果等坚果，根据个人喜好选择。

这款奶枣火遍全网。去核的红枣中间有巴旦木夹心，外面包裹一层厚厚的棉花糖和香浓的奶粉，光看着就流口水。在店里买价格很贵，有时还要排队，那就自己来做吧。研究了一下配方，原来做法这么简单，和雪花酥做法差不多，学会了就再也不用去排队啦。

简单4步，搞定大人孩子都爱的甜汤

红豆沙小圆子

⏱ 制作时间：30 分钟

✎ 难易程度：简单

❀ 甜糯的红豆沙搭配上弹牙软糯的小圆子，颜值高、口感棒，还会越吃越漂亮，让你轻松吃出好气色。做起来也超简单，自己做比外卖店的好吃太多，而且非常实惠，煮一大锅一家人都够吃了。

主料

红豆100克 ｜ 糯米小圆子30个

辅料

冰糖30克

做法 ——————

1 红豆提前浸泡一晚上，如果夏天浸泡需放冰箱冷藏过夜。

2 把泡好的红豆用水冲洗干净，放高压锅中，加1000毫升水，上汽后煮20分钟。

3 煮好的红豆已经熟了，连红豆带汤汁一起倒入奶锅中。

4 放入糯米小圆子和冰糖，中小火煮，边煮边搅拌，煮至小圆子浮起来即可关火。

🍲 制作秘籍

1. 红豆和小圆子同煮时，要边煮边搅拌，有助于红豆出沙。

2. 超市有卖现成的糯米小圆子，如果有糯米粉也可自己做。

以滋补的名义吃甜品

莲子百合红豆沙

制作时间：80 分钟

难易程度：简单

这道甜品冬天可热吃，夏天可冷吃，对于姑娘们来说是极好的滋补甜品。莲子养心安神，百合补中益气，红豆补气益血，经常食用有助于睡眠，也会让气色越来越好。

主料

红豆150克 ｜ 莲子30克
干百合30克

辅料

冰糖30克

制作秘籍

1. 红豆、莲子和干百合提前浸泡一下，更容易煮熟。

2. 如果想喝口感细腻一些的红豆沙，可在煮好后放搅拌机里打成糊再食用。

3. 莲子一定要去心，心的味道很苦，会影响口感。

做法

1 红豆提前浸泡4小时以上，莲子去心，和干百合提前浸泡1小时，捞出沥水。

2 将泡好的红豆、百合和莲子放入锅中，倒入没过食材约3厘米的清水。

3 大火烧开，转小火煮约1小时，煮至红豆皮爆开。

4 再放冰糖，煮至冰糖溶化，即可关火盛出。

第三章 养颜甜品 轻松吃出好气色

香甜软糯，小孩子最馋它

自制蜜红豆

⧗ 制作时间：50 分钟 ｜ ✎ 难易程度：简单

主料

红豆200克

辅料

细砂糖100克

做法 ————————————

1 红豆提前泡一晚上，夏天需放冰箱浸泡。

2 泡好的红豆用水冲洗干净，放入锅中，加没过红豆约5厘米的清水。

3 大火烧开，转小火煮10分钟关火，盖盖子闷20分钟。

4 再次大火烧开，转小火煮约25分钟，能用手轻轻将豆子捏碎即可。

5 将红豆捞出，按照一层红豆一层白糖循环平铺在保鲜盒中。

6 把保鲜盒密封好，放冰箱冷藏一晚即可食用。

🍚 制作秘籍

1. 做好的蜜红豆冷藏可保存3天左右，如短期内吃不完可密封好放冷冻室。

2. 煮红豆时一定要小火煮，防止开花，煮的过程中关火闷一次可防止连续煮使红豆开花。

蜜红豆的用处可大了，可用来做红豆奶茶、红豆双皮奶，红豆面包、红豆蛋挞等，很多甜品都离不开它，而且红豆更是女性的好朋友，丰富的铁质能让人气色红润。外面买的蜜红豆吃着不放心，那就动手自己做吧，泡一泡，煮一煮，拿白糖腌一下就能吃上。

红糖糯米藕

⏳ 制作时间：90 分钟 | 🔧 难易程度：简单

主料

藕1节（约400克） | 糯米150克

辅料

红糖50克 | 糖桂花1汤匙

做法 ————

1 糯米提前浸泡4小时以上，吸收充足的水分更易煮熟。

2 把莲藕洗净、去皮，在莲藕的一端约3厘米的地方切一刀。

3 将泡好的糯米用勺子塞进藕洞里，借助筷子慢慢往里装。

4 把两截藕的藕孔里都塞满糯米，用牙签把两截藕拼在一起。

5 藕放入锅中，放入红糖，加没过藕1指节的清水。

6 大火煮开后，改小火煮1小时，这时糯米藕已经煮熟。

7 然后改大火，煮至汤汁浓稠关火，其间不断地给藕翻面，使其上色均匀。

8 将糯米藕捞出切成约3毫米的藕片，摆在碟子中，淋上红糖汁和糖桂花即可食用。

🚗 制作秘籍

1. 藕分为七孔藕和九孔藕2种，数横切片最大的孔可看出来；做糯米藕适合选七孔藕，口感软糯，九孔藕比较脆，适合凉拌。
2. 最后淋糖桂花可增加淡淡的香气和香甜的口感，如没有可不放。

红糖糯米藕不仅好吃，营养价值也很高，有一定的补气血作用。很多饭店都有这道甜品，价格可真不便宜，那咱就在家做吧，都是普通的家常食材，泡加煮就能做成，没任何难度，学起来吧。

爽滑弹牙，轻松吃出好容颜

樱桃果冻

⧗ 制作时间: 90 分钟 | ✎ 难易程度: 简单

主料

樱桃200克

辅料

吉利丁片2片　|　细砂糖15克

做法

1 吉利丁片放冷水中泡软备用。

2 把樱桃清洗干净，对半切开，去掉果核。

3 锅中加350毫升清水，放入樱桃、细砂糖小火煮开。

4 放入吉利丁片，边煮边搅拌，煮至吉利丁片完全溶化后关火。

5 把煮好的樱桃和汤汁倒入保鲜盒中，室温放凉。

6 把保鲜盒放冰箱冷藏1小时以上，凝固后倒扣出来即可享用。

制作秘籍

1. 樱桃可换成自己喜欢的任意水果，如草莓、火龙果、猕猴桃等。
2. 吉利丁片可用琼脂、冰粉或鱼胶粉代替，具体用量需参考包装上的说明。

樱桃有美容水果之美称，富含花青素，具有抗衰老作用，所含丰富铁元素可帮助补血，经常吃会让你气色好，越来越年轻。除了直接洗了吃，也可把樱桃做成弹牙爽口的果冻，无任何添加剂，放心大口吃。

高颜值低热量，蒸一蒸就吃上

猕猴桃酸奶蒸糕

制作时间：25 分钟 | 难易程度：简单

主料

猕猴桃1个 | 酸奶120毫升 | 鸡蛋1个

辅料

低筋面粉40克 | 蔓越莓干5克

做法

1 猕猴桃去皮，对半切开，切成3毫米薄片；蔓越莓干切碎备用。

2 鸡蛋磕入碗中，倒入酸奶，顺着一个方向搅拌均匀。

3 筛入低筋面粉，搅拌成无干粉的浓稠面糊。

4 取一个耐高温的模具或饭盒，底部铺上一层猕猴桃片。

5 倒入酸奶面糊，撒上蔓越莓碎，盖上保鲜膜。

6 放入烧开水的蒸锅中，中火蒸15分钟，倒扣出来，切块食用。

 制作秘籍

1. 低筋面粉做出的蒸糕口感更柔软，没有低筋面粉的可用普通面粉代替。

2. 蒸的时候盖上保鲜膜或盖子，可隔开蒸汽滴下来的水，保持蒸糕表面光滑平整。

说起甜品大家都会觉得制作很复杂，今天推荐给大家一道没有工具限制，只需一个猕猴桃、一杯酸奶、一个鸡蛋、少许面粉就可以搞定的酸奶蒸糕！操作起来没有任何难度，厨房小白也能轻松做成功！

草莓提拉米苏

⧗ 制作时间：20 分钟 | ✎ 难易程度：简单

主料

草莓4颗 | 奥利奥饼干5块 | 淡奶油100毫升

辅料

细砂糖10克 | 盐1/2茶匙 | 可可粉5克

做法

1 草莓放淡盐水中浸泡5分钟，捞出去蒂，洗净，2颗切成薄片，2颗切成丁。

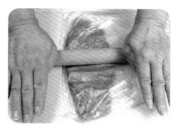

2 把奥利奥饼干去掉夹心，饼干放入保鲜袋中，用擀面杖压碎。

3 淡奶油加细砂糖，用打蛋器打成糊状，至奶油上有明显纹理出现。

4 取一个透明玻璃杯，内壁贴上草莓片，底部放入一层饼干碎，压实。

5 撒上一层草莓丁，挤上一层奶油；再放一层饼干碎、草莓丁和奶油，直至将杯子装满。

6 放冰箱冷藏3小时以上，取出撒上可可粉，即可享用。

🍮 制作秘籍

1. 做好的提拉米苏一定要放冰箱冷藏，奶油变凝固吃起来口感才更佳。

2. 奥利奥可换成手指饼干，手指饼干不用压碎，蘸上咖啡液平铺在容器底部就行。

不用烤箱的懒人版提拉米苏，也不需要开火，简单处理下食材，分层装进杯子里，放冰箱冷藏几小时，等着吃就好了。

酥酥脆脆的美容小甜品

玫瑰核桃仁小酥

制作时间：40 分钟 | 难易程度：简单

主料

低筋面粉130克 | 黄油70克 | 鸡蛋1个 | 玫瑰花茶10朵

辅料

核桃仁80克 | 鸡蛋黄1个 | 糖粉30克

做法 ———

1 把玫瑰花茶去掉叶子，把玫瑰花瓣分成片；核桃仁切碎备用。

2 黄油隔水融化，加糖粉、打入鸡蛋，搅拌均匀。

3 筛入低筋面粉，加玫瑰花瓣和核桃仁碎，用手拌匀揉成面团。

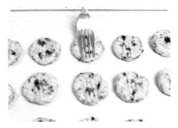

4 把面团分成鱼丸大小的小块，揉圆，用叉子将面团压上好看的纹理。

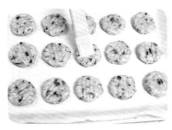

5 做好的小酥放在铺了油纸的烤盘上，鸡蛋黄打散，刷在小酥表面。

6 把烤盘放入预热好的烤箱中层，上下火180℃烤20分钟即可。

 制作秘籍

1. 核桃仁可换成腰果、大杏仁、开心果等，加坚果可丰富小酥的口感和营养。

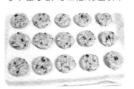

2. 小酥表面刷蛋黄液可使成品颜色更漂亮，若想省事也可省去这一步。

128

这个小甜品比做蛋糕和饼干都要简单很多，无需打发，不用冷冻，而且加入了玫瑰花，还有很好的美容养颜功效呢，边吃边变漂亮，简直让人太开心啦！

软糯弹牙，颜值与口感并存

胡萝卜水晶糕

⏳ 制作时间：30 分钟　✎ 难易程度：简单

主料

胡萝卜1根（约100克）　｜　红薯淀粉40克

辅料

油1/3茶匙　｜　香芹1根　｜　糖桂花1汤匙

做法

1　把胡萝卜洗净，擦成很细的丝。

2　锅中烧开水，胡萝卜放进去焯1分钟。

3　捞出挤干水分，用刀剁碎，越碎越好。

4　把胡萝卜碎放大碗中，加红薯淀粉，搅拌至胡萝卜颗粒均匀裹上淀粉。

5　放入糖桂花拌匀，增加香甜的口感和黏性，使胡萝卜捏成形状后不易松散。

6　将裹满淀粉的胡萝卜碎分成6份，每份用手捏成胡萝卜形状。

7　碟子上刷油，把捏好的迷你胡萝卜放上去，放入蒸锅中火蒸15分钟。

8　香芹洗净，把茎切成约3厘米的小段，把香芹小段插在胡萝卜上即可。

🥟 制作秘籍

1．焯水后的胡萝卜丝一定要挤干水分，不然放淀粉后会变黏，不利于塑形。

2．胡萝卜也可换成红薯、紫薯、南瓜等任意蔬菜，看个人喜好。

大家都知道经常吃胡萝卜对眼睛有好吃，它所含的 β 胡萝卜素还可以抗氧化和美白肌肤，适当吃胡萝卜真是好处多多啊。把胡萝卜做成弹牙的水晶糕，可爱的造型，人见人爱，咬上一口，香甜软糯有嚼劲，不爱吃胡萝卜的也会爱上它。

奶酪烤牛奶

⏳ 制作时间: 2 小时 ｜ ✎ 难易程度: 简单

主料

鸡蛋黄3个 ｜ 奶酪碎50克 ｜ 牛奶500毫升 ｜ 玉米淀粉50克

辅料

细砂糖25克

做法

1 把2个鸡蛋黄、细砂糖和牛奶倒入大碗中，搅拌均匀。

2 玉米淀粉倒进去，搅拌成无颗粒的光滑牛奶淀粉糊。

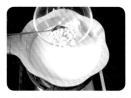

3 将牛奶淀粉糊倒入奶锅中，放一半奶酪碎，开小火满满加热。

4 边加热边搅拌，奶酪碎会逐渐化开，搅拌至牛奶糊变成浓稠的奶糊状关火。

5 把奶糊倒入模具中，用刮刀抹平表面，盖上保鲜膜放冰箱冷藏1小时以上至凝固。

6 将凝固的奶糊脱模切成小块，放入铺了油纸的烤盘上。

7 剩下的1个鸡蛋黄打散，刷在牛奶块表面，再撒上一层奶酪碎。

8 把烤盘放预热好的烤箱中层，上下火200℃烤15分钟，至表面变焦黄即可。

🍚 **制作秘籍**

1. 放奶酪碎可使奶香味更加浓郁，没有可以不加。

2. 烘烤时间可根据自家烤箱温度调整，烤至表面焦黄即可，注意不要烤糊。

3. 烤牛奶冷热均可吃，一次吃不完需放冰箱冷藏保存，2天内要吃完。

经常喝牛奶有美白、润肤的作用，喝腻了牛奶就用它做成甜品来吃吧。最近这款牛奶小甜品火爆全网，外焦里嫩，入口即化，看着诱人、吃着过瘾。在家很轻松就能做成功，就是搅一搅，煮一煮，烤一烤，香到隔壁小孩来敲门。

不和面不揉面，超简单零失败

懒人苹果派

制作时间：40分钟 | 难易程度：简单

主料

苹果1个 | 手抓饼2张

辅料

细砂糖15克 | 黄油10克 | 水淀粉2汤匙 | 鸡蛋黄1个 | 黑芝麻5克

做法

1 苹果洗净，去皮、去核，切成黄豆大小的丁；鸡蛋黄打散备用。

2 锅中放黄油，小火加热至融化，放入苹果丁。

3 加细砂糖，小火翻炒至苹果丁出水，继续炒至变软，水分收干。

4 把水淀粉搅拌一下倒进去，翻炒至变黏稠即可关火。

5 手抓饼提前10分钟拿出来解冻，把一张手抓饼分成4份。

6 每份手抓饼都放上苹果馅包起来，再用叉子压一遍花边。

7 将做好的苹果派放入铺油纸的烤盘上，表面刷一层蛋黄液，撒上黑芝麻。

8 烤盘放入预热好的烤箱中层，上下火160℃烤20分钟即可。

制作秘籍

1. 手抓饼可用冷冻蛋挞皮代替，做出来也是层层酥脆，一样好吃。

2. 苹果还可换成香蕉、香芋等水果，可用同样方法做出多种口味的派。

3. 炒苹果馅时加点水淀粉，可使馅料更加软糯浓稠，更好吃。

4. 水淀粉的调制比例一般为1：10，即1克淀粉要加10毫升水。

这个苹果派真是简单到家了，只要有手抓饼和苹果，就能做成层层酥脆的苹果派。操作简单零失败，一学就会，酥脆香甜，比买的还好吃。

外酥里嫩，奶香四溢
脆皮炸鲜奶

制作时间：90 分钟 | 难易程度：简单

主料

纯牛奶250毫升 | 鸡蛋1个

辅料

细砂糖30克 | 玉米淀粉30克 | 面包糠80克 | 油400毫升

做法

1 把纯牛奶、细砂糖和玉米淀粉放入锅中，搅拌均匀至无干粉颗粒。

2 开小火边加热边搅拌，煮至牛奶糊成黏稠状态即可关火。

3 取一个保鲜盒，底部和四周铺上保鲜膜，倒入牛奶糊，用铲子刮平。

4 放冰箱冷藏1小时左右，至牛奶糊凝固成固体牛奶块。

5 将牛奶块倒扣出来，切成约1厘米×1厘米×5厘米的长条状。

6 鸡蛋磕入碗中打散，牛奶条放进去裹一层蛋液。

7 再裹上一层面包糠，把所有的牛奶条都裹上面包糠。

8 锅中倒油，烧至六七成热，将牛奶条一个个放进去，小火炸至表面金黄即可。

制作秘籍

1. 煮牛奶糊的时候要开小火，边煮边搅拌，不然容易煳锅。

2. 用同样方法也可做脆皮炸香蕉，无须煮和冷藏，直接裹上蛋液和面包糠炸就行。

牛奶炸着吃，外焦里嫩，咬一口奶香四溢，好吃到停不下来。在外面买一份分量太少，总是吃不过瘾，那就自己来做吧，煮一煮，冷藏一下，切块后裹上面包糠，炸一炸就能吃上！

酥脆掉渣，吃出红润好气色

蜜豆蛋挞

⏳ **制作时间:** 30 分钟 | ✎ **难易程度:** 简单

主料

冷冻蛋挞皮9个 | 蜜豆150克 | 鸡蛋2个

辅料

纯牛奶70毫升 | 淡奶油60毫升 | 糖粉30克

做法

1 从烤箱中取出冷冻蛋挞皮，摆放在烤盘上，放室温下解冻。

2 鸡蛋磕入碗中，用筷子打散，如果想蛋挞馅颜色更漂亮，可只用蛋黄。

3 加入牛奶和淡奶油，顺着一个方向搅拌均匀。

4 放入糖粉，搅拌均匀，糖粉比细砂糖更易溶化。

5 把搅拌好的蛋挞液过滤一遍，会更加细腻嫩滑。

6 烤箱220℃预热，每个蛋挞皮中放一勺蜜豆。

7 再往每个蛋挞皮中倒入七八分满的蛋挞液。

8 将烤盘放入预热好的烤箱中层，上下火220℃烤20分钟即可。

🍚 **制作秘籍**

1. 除了蜜豆也可以加蔓越莓干、水果丁等，可使蛋挞的营养和味道更丰富。
2. 具体烤制时间可根据自家烤箱温度进行调整，烤至蛋挞馅出现焦糖色即可。

自从发现了冷冻蛋挞皮，隔三差五就会烤上一次蛋挞，比做蛋糕和饼干都要简单很多，做个蛋挞液，倒入蛋挞皮中烤一烤就能吃。蛋挞中放上一些蜜豆，既增加甜蜜的口感，还能补气血，真是一举两得。

成都经典小吃，在家轻松做

红糖糍粑

⏳ 制作时间：30 分钟 | 🔍 难易程度：简单

主料

糯米粉150克 | 红糖15克

辅料

油1汤匙 | 熟黄豆粉80克

做法 ———

1 糯米粉中分多次加不烫手的温水，边加边用筷子搅拌。

2 直到糯米粉都成絮状，揉成光滑的糯米面团。

3 将糯米面团分成15份，每块揉成长约6厘米的圆柱体糍粑。

4 锅中倒油，烧至六成热，放入糍粑小火慢煎。

5 边煎边翻面，煎至糍粑表面变为金黄色即可关火。

6 把煎好的糍粑放入熟黄豆面中滚一圈，取出放入碟子中备用。

7 另起锅，放入红糖和50毫升水，小火熬至红糖汁呈浓稠状态关火。

8 把煮好的红糖浆淋在糍粑上，即可享用。

🍚 制作秘籍

1. 若想更简单，可从网上购买糍粑半成品，煎一下淋上红糖浆就能吃。

2. 糯米不易消化，一次不要吃太多，老人和孩子更要少吃。

俗话说"女子不可一日无糖",道出了糖对女性的重要,红糖一直被认为是补血圣品,是女性保养气血的首选。所以用红糖做的甜品更受女性青睐,比如这红糖糍粑,香甜软糯,越吃越想吃。想吃红糖糍粑不用去成都,在家就能轻松做,好吃又解馋。

拉丝的诱惑，懒人必学

奶酪紫薯泥

制作时间: **20 分钟** | 难易程度: 简单

主料

紫薯2个 | 奶酪碎50克

辅料

牛奶60毫升 | 细砂糖20克

做法

1 把紫薯洗净、去皮，切成约3毫米的片。

2 紫薯片放入锅中，开中火蒸15分钟，能轻松用筷子穿透即可。

3 将蒸熟的紫薯片放入大碗中，用勺子压成紫薯泥。

4 放牛奶和细砂糖搅拌均匀，加入这两种材料，紫薯泥更加湿润和香甜。

5 把拌匀的紫薯泥装入耐高温的容器中，用勺子压平，撒上一层奶酪碎。

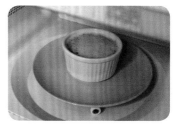

6 放入微波炉，高火微波2分钟，待奶酪碎化开后即可取出食用。

🍚 **制作秘籍**

1. 紫薯也可以换成红薯、南瓜、山药等甜糯的食材，牛奶用量可根据食材干湿程度调整。

2. 微波的时间根据自家微波炉的功率自行调整，看到奶酪完全融化就可以了。

3. 一定要趁热吃才会有明显的拉丝效果，如果放凉后用微波炉热一下就会有拉丝了。

紫薯含有丰富的花青素和膳食纤维，有抗衰老、清肠排毒、瘦身等多种好处，爱美的女孩子可以常备一些紫薯。但是紫薯有一个缺点，直接蒸着吃比较干，那就把它做成小甜品吧，香甜软糯，还有诱人的拉丝，用微波炉就能轻松做成功。

人气饮品，做起来竟这么简单

芒果西米露

制作时间：30 分钟 | 难易程度：简单

主料

芒果1个（约200克） | 西米50克

辅料

椰奶200毫升

做法 ————————

1 西米放入烧开水的锅中，开大火煮，边煮边搅拌。

2 煮约10分钟，捞出西米看一下，只剩下中心有小白点时关火。

3 盖盖子闷10分钟，看到西米全部变透明。

4 用漏勺把西米捞出，用凉水冲洗几遍，沥水备用。

5 把芒果沿着果核切开，在芒果肉上纵横切几刀，沿着芒果皮切下芒果小丁。

6 取一半芒果丁放入搅拌机中，加椰奶搅拌成浓稠的椰奶芒果汁。

7 把椰奶芒果汁倒入杯子或小碗中，加入西米。

8 用剩下的芒果丁装饰一下，即可享用。

🥟 制作秘籍

1. 煮西米要开水下锅，并且要大火煮，边煮边搅拌，防止粘锅。

2. 西米煮熟之后要多过几次凉水，吃起来口感才会弹牙。

几乎每家奶茶店都会有这个小甜品，芒果、椰奶和西米搭配在一起，简直就是绝配！喝上一口，唇齿间都洋溢着浓郁的芒果香和椰奶香，再配上爽滑弹牙的西米，让人非常惬意。看着高大上的芒果西米露，在家做起来却超级简单，来一起学学吧。

养血补气，给你暖暖的呵护

红糖姜枣茶

制作时间：**20 分钟**

难易程度：**简单**

红糖姜枣茶，仅用红糖、姜和红枣3种食材，简单煮一煮就可以。趁着热乎劲儿喝一口，感受着暖意从口腔一路流淌到胃里，全身都变得暖融融。冬天再也不用缩手缩脚，手脚都是热乎乎的，整个人都舒展开了。

主料

红糖50克 ｜ 红枣6颗

辅料

姜20克

做法

1 红枣清洗干净，对半切开，去掉枣核，切成小块。

2 姜洗净，切成姜丝备用。

3 锅中加800毫升水，放入红枣块和姜丝，大火烧开后改小火煮10分钟。

4 放入红糖再煮5分钟，即可盛出饮用。

制作秘籍

1. 红枣和姜切得小一些，煮的时候更容易挥发出味道和营养成分，使姜枣茶更浓郁。

2. 这道红糖姜枣茶一定要趁热喝，但糖尿病患者、身体处于上火时期的人群不适合饮用。

每天一碗，气色红润、手脚不冰凉

补血养颜四红汤

⏳ 制作时间：1 小时

🔖 难易程度：简单

⚙️ 四红指的是红豆、红皮花生米、红枣和红糖，可补血益气、健脾利湿。很多女孩子都有面色发黄、手脚冰凉的情况，这是气血不足的表现，不妨试试这四红汤，经常喝可改善气色，手脚不再凉。

主料

红豆100克 ｜ 红皮花生米60克
红枣8颗

辅料

红糖30克

🍲 制作秘籍

1. 红豆至少提前浸泡2小时，如果不着急，可提前浸泡一晚上，更易煮烂。

2. 电饭煲比较适合懒人，也可用汤锅煮，大火煮开后改小火，煮至红豆开花即可。

做法

1 红豆清洗干净，浸泡2小时。

2 再放入红皮花生米浸泡30分钟，沥水备用；红枣清洗干净。

3 把泡好的红豆、红皮花生米和红枣放入电饭煲中，再加入红糖。

4 加1500毫升清水，选择"煲汤"键，提示音响起后即可享用。

酒酿小圆子

制作时间：10 分钟

难易程度：简单

我对酒酿有着独特的钟爱，淡淡的酒香，微微酸甜的口感，让人一喝就上瘾。酒酿搭配上甜糯的小圆子，再来点糖桂花，又暖又香甜，经常喝能改善脸色发黄，气色会越来越好。

主料

酒酿200毫升 ｜ 小圆子150克

辅料

细砂糖5克 ｜ 糖桂花2汤匙

做法

1 锅中加入500毫升水烧开，放入小圆子，中小火煮。

2 煮至小圆子全部浮起后，加少许凉水再次煮开。

3 放入细砂糖和酒酿，小火煮开之后关火。

4 把糖桂花放进去，搅拌均匀即可盛出享用。

制作秘籍

1. 汤圆煮熟后再放酒酿，酒酿不宜久煮，否则会变酸，酒香气散掉。

2. 可以依自己的喜好加入葡萄干、豆沙、枸杞子等。

3. 小圆子在超市或网上都有卖的，用速冻的比较方便。

第四章

补水甜品
养出水嫩好肌肤

滋阴润燥，皮肤水当当

紫薯银耳羹

制作时间：2 小时　|　难易程度：简单

主料

银耳1/3朵　|　紫薯2块（约300克）

辅料

冰糖30克

做法

1　银耳用凉水泡发，要泡1小时以上，去掉根部黄色部分，清洗干净。

2　把银耳撕成小朵，尽量撕得碎一些，这样有助于出胶，口感也会更好。

3　紫薯去皮、洗净，切成约1厘米见方的小丁。

4　汤锅中加1800毫升水，放入银耳。

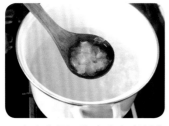

5　大火烧开，改中小火煮40分钟左右，煮至汤汁浓稠。

6　放入紫薯丁和冰糖，中小火煮10分钟即可。

制作秘籍

1.　也可用养生壶、电饭煲或压力锅煮银耳羹，这3种厨具耗水较少，加1500毫升水就行。

2.　选择干银耳的时候，要选白色带微黄的，纯白银耳一般会用硫黄熏蒸，不要选择。

3.　北方水质偏碱性，紫薯中的花青素遇碱会变蓝，滴几滴白醋或柠檬汁，就会变成漂亮的紫红色了。

吹空调过多或季节交替时，皮肤经常会变得干干的，喝一些滋补润肺的汤汤水水，能够很好地缓解皮肤干燥的症状。银耳羹就是很好的选择，银耳滋阴润燥，富含天然植物性多糖，煮之后口感滑润，搭配上甜糯的紫薯，无论从颜值还是口感上，都是一种享受。

想要皮肤好，桃胶离不了

雪梨炖桃胶

⧗ 制作时间：50 分钟 | 🔍 难易程度：简单

主料

雪梨1个 | 桃胶8克

辅料

冰糖10克

做法 ─────

1 桃胶用凉水浸泡一晚上，夏天要放入冰箱冷藏。

2 将泡好的桃胶捏成小块，去掉黑色杂质，反复清洗干净，沥水备用。

3 把雪梨洗净、去皮，切成大小均匀的小块。

4 汤锅中加1000毫升水，放入桃胶和雪梨块。

5 大火煮至沸腾，改为小火炖30分钟，煮太久会失去桃胶的弹性。

6 放入冰糖，煮3~5分钟，冰糖溶化后即可关火盛出享用。

🥘 制作秘籍

1. 桃胶要提前用凉水泡发，泡至无硬心为止，凉水浸泡桃胶营养物质流失少、口感好。

2. 桃胶并不是煮得越久越好，一般煮30分钟就可以，煮时间太长会溶化，失去弹牙口感。

干桃胶经过泡发会膨胀10倍大，变得晶莹剔透，桃胶和雪梨一起炖，黏稠又软糯，可让皮肤更加水润，还有清热去火的作用，干燥的天气要多喝一些。

养颜滋补，喝出牛奶肌

木瓜炖奶

⏳ 制作时间：20 分钟

◇ 难易程度：简单

❀ 木瓜不仅可以直接吃，还可以做成甜品，加上冰糖和牛奶炖一炖，奶香浓郁，果香十足，经常吃可滋润皮肤，养颜滋补，越来越漂亮！

主料

木瓜1/2个 ｜ 牛奶250毫升

辅料

冰糖5克

做法

1 木瓜去皮、去子，清洗干净，切成1厘米见方的小块。

2 木瓜放入锅中，加入没过木瓜的清水，大火煮开。

3 改为小火，放入冰糖小火炖10分钟。

4 倒入牛奶，小火煮至锅边起小泡即可关火。

☁ 制作秘籍

1. 倒入牛奶后，煮至锅边起小泡即可关火，完全煮开会有奶沫，影响美观及营养价值。

2. 挑选木瓜时要选择表皮颜色深黄的，味道比较鲜甜，青色木瓜比较生，不建议选。

简单煮一煮，清甜又滋润

冰糖荸荠水

⏳ 制作时间：15 分钟

🔖 难易程度：简单

💧 每当荸荠上市的时候，我隔三差五就会煮上一锅冰糖荸荠水，暖暖的、甜甜的，喝完暖心暖胃又滋润，经常喝皮肤都会变得水润起来，比贴面膜还补水呢！

主料

荸荠200克 ｜ 冰糖10克

辅料

枸杞子3克

🍲 制作秘籍

1. 荸荠可换成甘蔗、雪梨，同样有补水、润燥、清火的作用。

2. 荸荠煮几分钟就可以，煮太久会失去爽脆的口感。

做法

1 将荸荠清洗干净，削皮；枸杞子清洗一下备用。

2 锅中倒入500毫升水，放入荸荠和冰糖大火煮开。

3 改小火煮5分钟，荸荠吸收了冰糖的甜味即可关火。

4 放入枸杞子，搅拌均匀，盛出享用。

甜糯回甘，喝一次就上瘾

红薯大枣糖水

⏳ 制作时间：35 分钟 | 🔪 难易程度：简单

主料

红薯1块（约400克） | 红枣8颗

辅料

红糖5克 | 姜5片

做法 ────────

1 红薯洗净、去皮，切成滚刀块。

2 用清水冲洗几遍，沥水备用。

3 红枣清洗干净，对半切开，去掉枣核。

4 锅中加1000毫升水，放入姜片、红薯块和红枣。

5 大火煮开，改为小火煮20分钟。

6 放入红糖，煮3分钟左右，红糖溶化即可关火。

🍲 制作秘籍

1. 切好的红薯块用水冲洗几遍可去掉表面淀粉，煮出来的糖水更清澈。

2. 放几片姜可使这道甜汤有淡淡姜味，喝起来更美味，还有一定的驱寒暖身作用。

一块红薯，几颗红枣，加上红糖和姜片，简单煮一煮，就能做出一锅香甜好喝的甜汤。天冷的时候最爱这口了，补水又暖身，一碗下去，全身都暖和起来。

补水补维C，养颜又好喝

水果茶

制作时间：15 分钟 | 难易程度：简单

主料

西柚1/2个 | 青柠3个 | 柠檬1/2个 | 苹果1/2个

辅料

冰糖10克 | 盐1茶匙 | 红茶包1个

做法

1 将西柚、青柠和柠檬表面用盐搓洗一遍，再用清水洗净。

2 苹果洗净，去皮、去核，切成小丁备用。

3 西柚和柠檬切成约3毫米薄片，青柠对半切开。

4 养生壶中加800毫升水煮开，放入红茶包煮出颜色后，把茶包捞出。

5 放入西柚片、青柠、柠檬片和苹果丁，再放入冰糖。

6 水开后煮3分钟即可关火，倒出饮用。

制作秘籍

1. 水果可换成自己喜欢的任意水果，如橙子、梨、百香果等。
2. 冰糖也可换成蜂蜜，但是要等煮好的水果茶放温时再放蜂蜜，太烫的水会破坏蜂蜜中的营养物质。

煮好的水果茶散发着浓浓的果香和茶香，光闻着就让人迷恋，喝着更是美味，酸酸甜甜，开胃解腻，一杯接一杯，好喝到停不下来。

简单6步，还原儿时味道

橘子罐头

⧖ 制作时间：30 分钟 | ✎ 难易程度：简单

主料

橘子6个

辅料

冰糖50克

做法 ───────

1 将6个橘子分别去皮，掰成瓣备用。

2 去掉橘子瓣上的白色橘络，否则会影响口感，吃起来有点苦涩。

3 锅中加入800毫升水，把冰糖放进去，开大火将冰糖煮至溶化。

4 把橘子瓣放入糖水中，大火煮开后转小火煮10分钟，关火。

5 煮好的橘子趁热装入消毒后的干燥罐头瓶中，盖紧盖子，倒扣放置。

6 放凉后放入冰箱冷藏保存，随吃随取；如果短期内吃，不用装入瓶子真空保存，冷藏后即可食用。

🍚 制作秘籍

1. 橘子可换成山楂、雪梨、黄桃等水果，水果处理的步骤不一样，其余步骤都是相同的操作方法。

2. 罐头瓶消毒方法有两种，一种是烤箱消毒，玻璃瓶洗净后，倒扣到烤网上，100~120℃加热 10 分钟；第二种是沸水中煮 3~5 分钟，捞出沥干水分。

甜甜的橘子罐头是儿时美好的回忆。打开罐头盖子，扑鼻而来的橘子清香令口水瞬间就流出来了。外面买的罐头总担心不够新鲜，那就自己来做吧，剥皮后煮一煮，装入罐头瓶，冰镇一下，清甜酸爽的橘子罐头就做好啦。

□□香甜，唇齿留香

奶香玉米汁

⏳ 制作时间：20 分钟 | 🔍 难易程度：简单

主料

甜玉米1根 | 牛奶250毫升

做法

1 把甜玉米去掉皮和玉米须，清洗干净备用。

2 玉米切成2段，用刀顺着玉米心把玉米粒切下来。

3 玉米粒放入锅中，加入刚没过玉米粒的清水。

4 大火煮开，改为小火煮8分钟左右。

5 关火后稍微凉一下，连水倒入搅拌机，再倒入牛奶。

6 搅打1分钟成玉米糊状，过滤一下即可享用。

🍜 制作秘籍

1. 过滤时用勺子按压玉米糊，出汁会快一些，喜欢口感粗一些的也可不过滤。

2. 做玉米汁最好用甜玉米，口感甜、水分多，不用加糖也会清甜好喝。

只需一根甜玉米、一盒牛奶，成本不足5块钱，分分钟就能做一杯奶香浓郁、香甜可口的奶香玉米汁，比外面买的划算多了，而且原汁原味，无任何添加剂，喝着多放心呀。

高颜值低卡饮品，酸酸甜甜超好喝

草莓奶昔

制作时间：15分钟 | 难易程度：简单

主料

草莓10颗 | 牛奶250毫升

辅料

盐1/2茶匙

做法

1 大碗中放入草莓和盐，加入没过草莓的水，浸泡5分钟。

2 浸泡后的草莓用流水冲洗几遍，去掉草莓蒂。

3 取8颗草莓放入搅拌机中，倒入牛奶。

4 启动搅拌机，约30秒，草莓奶昔就做成了。

5 将剩下的2颗草莓切成薄片，贴在玻璃杯内侧。

6 把奶昔倒入玻璃杯中，开始享用吧。

制作秘籍

1. 草莓在淡盐水中浸泡，可以起到杀菌和减少农药残留的作用。
2. 草莓可换成自己喜欢的其他水果，如香蕉、芒果、牛油果等。

当草莓遇上牛奶，摇身变成酸甜的草莓奶昔，粉嫩的颜色满足了少女心。高颜值低热量饮品，放心喝不长胖，还能让你变得更水润、更漂亮！

每天一碗，改善手脚冰凉

红枣桂圆甜汤

⏱ **制作时间：** 30 分钟

🔍 **难易程度：** 简单

🌸 有不少女孩子一到秋冬季节就容易手脚冰凉，来煮个红枣桂圆甜汤吧，可补血行气、滋润养颜，每天喝一碗，让你面若桃花，皮肤更水嫩。

主料

鲜桂圆10颗 ｜ 红枣8颗

辅料

冰糖10克

做法 ——————

1 红枣洗净，对半切开，去掉枣核。

2 鲜桂圆去掉外壳，留果肉备用。

3 锅中放800毫升水，放入桂圆肉、红枣和冰糖。

4 大火烧开，改小火煮15分钟至红枣软烂，即可关火。

🍵 制作秘籍

1 若没有鲜桂圆，可用干桂圆代替，干桂圆肉要浸泡 30 分钟再煮，更易煮烂。

2 桂圆和红枣都属于温性的，可安神补气，经常喝可改善睡眠和手脚冰凉。

冰凉甜蜜，夏天解暑全靠它

鲜榨西瓜汁

⧗ 制作时间：5 分钟

✎ 难易程度：简单

❀ 炎热的夏季，来上一杯冰凉的西瓜汁，解暑又解渴，非常过瘾！街上买一杯西瓜汁要十几块钱，自己在家做，几块钱就能让全家都喝上，而且做起来超级简单，小朋友都能轻松学会。

主料

西瓜1/4个（约1000克）

辅料

冰块10块

 制作秘籍

1. 西瓜含有大量水分，榨汁时无须加水，原汁原味最好喝。

2. 可把西瓜汁过滤一下再喝，口感会更细腻。

做法

1 去掉西瓜皮，留西瓜果肉备用。

2 把西瓜果肉切成小块，去掉西瓜子。

3 西瓜块放入搅拌机中，启动搅拌机榨成果汁。

4 将榨好的果汁倒入杯中，放上冰块即可饮用。

补水润肺，滋养身心

枇杷雪梨汤

制作时间：30 分钟 | 难易程度：简单

主料

枇杷6个 | 雪梨1个

辅料

冰糖10克

做法 ————

1 把枇杷和雪梨清洗干净，沥水备用。

2 雪梨去皮、去核，切成小块。

3 用勺子顺着枇杷从上往下刮一遍，就可方便地撕去皮了。

4 枇杷去蒂，撕掉果皮，对半切开，把果核去掉。

5 把雪梨块、枇杷和冰糖放入锅中，倒入没过食材约3厘米的清水。

6 大火煮开，改为小火煮15分钟，即可盛出享用。

制作秘籍

1. 用勺子在枇杷皮上刮一遍，使果肉和果皮分离，就能轻松地把果皮撕下来了。

2. 这道甜汤冷热饮均可，如果煮太多一次喝不完，需放冰箱冷藏保存。

枇杷和雪梨都有很好的清热去火、滋阴润肺的作用，在天气干燥的时候煮上一锅枇杷雪梨汤，不仅可以补水，还能降火、润燥，能让我们更好地适应天气的变化。

丝滑香浓，回味无穷

奶油南瓜汤

制作时间：20分钟 | 难易程度：简单

主料

南瓜300克 | 牛奶150毫升

辅料

淡奶油50毫升

做法

1 南瓜洗净、去皮，切成3毫米的薄片，把南瓜片放碟子内。

2 碟子放入蒸锅中，大火蒸15分钟，能用筷子轻松扎透就熟了。

3 将蒸熟的南瓜片放入搅拌机中，倒入牛奶和淡奶油，淡奶油要留几滴装饰用。

4 启动搅拌机，大约1分钟奶油南瓜汤就做好了。

5 把奶油南瓜汤倒入小碗中，滴上几滴淡奶油。

6 用牙签随意搅动一下淡奶油，就会形成简单的拉花，开始享用吧。

制作秘籍

1. 南瓜本身有甜味，所以这个南瓜汤没有放糖，喜欢吃甜一些的可适当加点糖。

2. 最后一步拉花的形状随意，只要用牙签把奶油划散就行，嫌麻烦可省略这一步。

南瓜、牛奶和淡奶油结合在一起，做成色香味俱全的奶油南瓜汤，丝滑香浓、温润滋补、暖心暖胃，喝完浑身都会暖暖的。

清凉爽口，入口尽是满足

火龙果撞奶

⏳ 制作时间：90 分钟　｜　✎ 难易程度：简单

主料

红心火龙果1/2个　｜　牛奶400毫升

辅料

细砂糖10克　｜　白凉粉20克

做法

1　将红心火龙果去皮，果肉切成小块。

2　把红心火龙果小块放到滤网上，用勺子按压出火龙果汁。

3　锅中加500毫升水，倒入火龙果汁，小火煮开。

4　放入细砂糖和白凉粉，搅拌至完全溶化后关火。

5　把煮好的火龙果凉粉水倒入杯子中，每个杯子倒半杯。

6　等放凉后，放入冰箱冷藏约1小时至凝固。

7　把杯子从冰箱取出，每个里面倒牛奶至八分满。

8　用勺子将火龙果冻搅成小块，即可享用。

🍚 制作秘籍

1. 红心火龙果可换成葡萄、橙子、草莓等水果，要选择含水量较多的水果，容易榨汁。

2. 牛奶可换成椰汁、椰奶、酸奶或养乐多等饮品，根据自己的喜好进行选择。

牛奶与火龙果碰撞出的高颜值饮品，清凉弹牙、奶香浓郁。入口即化的感觉简直太治愈了，连喝三杯都不够。简单到没任何难度，一次就能做成功！

酸甜可口，养出滋润好肌肤

百香果蜂蜜水

制作时间：5 分钟

难易程度：简单

超级简单的自制饮品，只要有百香果和蜂蜜就可以。把百香果和蜂蜜放入温水中搅拌均匀，分分钟就能喝上。无论在办公室还是家里，想喝的时候，随时可来上一杯。

主料

百香果1个 | 蜂蜜1汤匙

做法

1 杯子中倒入约200毫升、40℃左右的温开水，触摸杯子感觉到微微烫手即可。

2 把百香果切去顶部1/3处，用勺子将百香果果肉挖出来，放入温水中。

3 取1汤匙蜂蜜，倒入杯子中。

4 用勺子搅拌均匀，即可饮用。

制作秘籍

1. 冲蜂蜜用 40~60℃ 的温开水为宜，水温太高会破坏蜂蜜的营养成分。

2. 挑选百香果要选表皮颜色深紫、皱巴巴的，且分量比较重的，这样的百香果比较甜。

满满维生素C, 提高免疫力

金橘柠檬茶

⏳ 制作时间: 40 分钟

🔍 难易程度: 简单

🍩 金橘和柠檬都是"维生素C大户",可提高身体免疫力,还能美白肌肤。金橘直接吃有些苦涩,柠檬泡水太酸,把它们做成金橘柠檬茶,口感会提升很多,酸酸甜甜,大人孩子都爱喝。

主料

金橘200克 | 柠檬1个

辅料

冰糖100克 | 盐2茶匙

制作秘籍

1. 金橘和柠檬都要去掉子, 子比较苦, 会影响金橘柠檬茶的口感。

2. 小火煮的时候要边煮边搅拌, 防止煳锅。

做法

1 把金橘和柠檬用水打湿, 用盐把表面搓一下, 然后用清水冲洗干净。

2 金橘一切为四, 去掉子; 柠檬切成薄片, 也把子去掉。

3 金橘和柠檬片放入锅中, 加冰糖, 倒入刚没过食材的清水。

4 大火煮开后改小火煮25分钟左右, 边煮边搅拌, 煮至金橘软烂、汤汁黏稠即可关火。

5 放凉后装入罐内密封, 入冰箱冷藏保存。

6 取一大勺放入杯中, 倒入开水, 搅拌均匀, 即可饮用。

草莓季不可辜负的小甜蜜

糖水草莓

制作时间: 30 分钟

难易程度: 简单

红彤彤的草莓人人都喜欢吃，但是保质期很短，把它做成高颜值甜品，酸甜可口又耐放，煮一煮，放凉后就能享用，汤汁酸甜，果肉滑嫩，边喝边吃，非常过瘾。

主料

草莓300克

辅料

冰糖50克 | 盐1茶匙

做法

1 草莓用清水冲洗干净，加1茶匙盐和没过草莓的水浸泡10分钟。

2 将泡好的草莓用清水冲洗干净，去掉根蒂，沥水备用。

3 锅中加500毫升水，放入冰糖，大火煮至冰糖溶化。

4 放入草莓，大火煮开，转小火煮5分钟，看到草莓变软后关火，放凉即可享用。

制作秘籍

1. 用淡盐水浸泡草莓可起到杀菌和去除部分农药残留的作用。

2. 刚煮好的糖水草莓颜色不够红亮，放凉后或放冰箱冷藏后会变得很红亮，而且口感也比较好。

满满少女感，喝出小蛮腰

西柚养乐多

⏳ **制作时间：** 10 分钟

🔖 **难易程度：** 简单

🌸 漂亮的饮品能让人心情愉悦，就如这杯西柚养乐多，淡淡的粉红色，满满少女感，光看着都心情大好。喝上一口冰爽酸甜，健康又减脂。做起来超级简单，只需四步轻松搞定，试试吧。

主料

西柚1个 | 养乐多1瓶

辅料

冰块5块

第四章 补水甜品 养出水嫩好肌肤

🍮 制作秘籍

1. 榨汁前，西柚果肉上的白色筋膜和子一定要去掉，不然苦味会很重。

2. 养乐多可换成雪碧、气泡水等饮料，会制作出不同口味的饮品。

做法

1 把西柚去皮，剥出果肉，去掉果肉上的白色筋膜和子。

2 留少许西柚果肉装饰用，其余果肉放入榨汁机中榨出果汁。

3 取一个玻璃杯，倒入养乐多，放冰块。

4 再缓缓倒入西柚汁，撒上西柚果肉装饰，即可饮用。

177

多肉黑提

⏳ 制作时间：15 分钟 | ✎ 难易程度：简单

主料

黑提子400克

辅料

面粉30克 | 冰块6块

做法

1 把整串黑提子放入容器中，撒上面粉，倒入没过黑提子的清水。

2 用手拿着黑提子来回晃动几次，直至黑提子表面变干净。

3 把黑提子拿出来用清水冲洗干净，将黑提子逐个择下来。

4 取1/4的黑提子，去皮、去子，放入杯子底部，用料理棒压碎。

5 其余的黑提子放入搅拌机中搅碎，过滤出提子汁备用。

6 把提子汁倒入杯子中至约七分满，放入冰块即可享用。

🍲 制作秘籍

1. 洗提子时放点面粉，可将提子表面的脏东西吸附下来，洗得更干净。

2. 提子储存方法：包裹上一层有吸水性的纸，放冰箱冷藏保存，可延长保存时间。

吃提子和葡萄有同样的烦恼，有皮、有子，吃着很不方便，那我们就把提子做成饮品，多多的提子果肉、冰爽酸甜的提子汁，边喝果汁边吃果肉，不用吐皮、吐子，实在过瘾。

补充高蛋白，香浓好滋味

花生牛奶饮

制作时间：50 分钟

难易程度：简单

一把花生米，一盒牛奶，就能做出香浓可口的高蛋白饮品，没任何难度，厨房小白也能轻松做成功。花生米炒一炒，剩下的交给豆浆机就好了，是不是超级简单？

主料

花生米100克 ｜ 牛奶600毫升

做法

1 花生米放平底锅中，小火翻炒，炒至出香味、表皮颜色变深即可关火。

2 把炒好的花生米凉凉，去掉花生米外面的皮。

3 花生米放入豆浆机中，倒入牛奶，盖上豆浆机盖子。

4 接通电源，按下"五谷豆浆"按钮，听到完成的提示音，即可倒出享用。

制作秘籍

1. 花生米炒一下，可使饮品味道更加香浓。

2. 如果想口感更细腻，可将渣过滤一下再喝。

3. 喜欢甜味的可加白糖进行调味，若用的牛奶有甜味，无须加糖。

酸酸甜甜，解腻又消食

山楂糖水

⏳ 制作时间：15 分钟

◇ 难易程度：简单

❀ 红彤彤的山楂，光看着就要流口水了，直接吃太酸，做糖葫芦又麻烦，那就做成糖水来喝吧，简单又省事，酸甜开胃，老人孩子都爱喝。

主料

山楂200克　｜　冰糖30克

🥄 制作秘籍

1. 山楂糖水冷热均可食用，放冰箱冷藏一下吃会更美味。

2. 用同样方法可做多种水果糖水，如梨、黄桃、杨梅等。

做法

1　山楂清洗干净，沥水备用。

2　用笔管或空心小钢管从山楂中间穿过去，去掉山楂核。

3　锅中加350毫升水，放入冰糖，大火煮开，至冰糖完全溶化。

4　放入山楂，中小火煮5分钟，即可关火享用。

胶质满满，养出美丽容颜

红枣莲子银耳羹

制作时间：2 小时 | 难易程度：简单

主料

红枣10颗 | 莲子50克 | 银耳1/2朵

辅料

冰糖30克

做法

1 银耳和莲子分别放入凉水中，泡1小时。

2 红枣清洗干净备用；将泡好的莲子捞出，冲洗干净。

3 银耳去掉根部黄色部分，清洗几遍，撕成小朵，越小越容易煮出胶来。

4 把银耳、莲子和红枣放入锅中，加1500毫升清水。

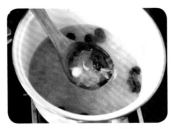

5 大火煮开，转小火继续煮1小时，此时银耳软糯，汤汁变得黏稠。

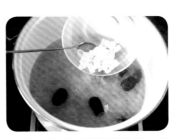

6 放入冰糖，再煮10分钟，即可关火享用。

制作秘籍

1 可提前一晚把银耳泡上，泡发完全才更容易煮出胶，夏天需放冰箱冷藏过夜。

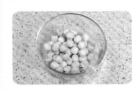

2 这道银耳羹中用的是干莲子，提前浸泡一下，煮出来口感更软糯，用鲜莲子则不用泡。

红枣滋阴补血，莲子清热降火，银耳润肺护肤，这三种食材熬出的银耳羹，晶莹剔透、胶质满满，经常喝可让你的皮肤又嫩又滑，养颜满分。

一口上瘾，只涨颜值不长肉

酸奶水果捞

⧗ 制作时间：10 分钟 | ◇ 难易程度：简单

主料

酸奶200毫升 | 芒果1个 | 猕猴桃1个 | 草莓8颗

辅料

蓝莓20颗 | 盐1/2茶匙

做法

1 草莓和蓝莓放入容器中，加盐和水浸泡5分钟，捞出洗净。

2 将草莓去掉根蒂，切成小块备用。

3 芒果沿着果核切成两半，在果肉上横纵划几刀，用刀沿着芒果皮将果肉削下。

4 猕猴桃去皮，切成1厘米见方的小丁。

5 把切好的芒果、猕猴桃和草莓放入容器中，最后摆上蓝莓。

6 淋上酸奶，搅拌均匀即可享用。

🍲 制作秘籍

1. 可根据自己的喜好更换水果，水果颜色差异要大一些，成品会更漂亮。
2. 喜欢吃西米的朋友还可煮些西米放进去，吃起来弹牙，口感更丰富。

外面卖的水果捞不仅贵，而且水果种类比较单一，那就动手做一份为自己定制的水果捞吧！选择自己喜欢吃的水果，切一切，再淋上酸奶，酸奶水果捞就做好啦！夏天吃冰镇一下更爽口哦。

清凉解渴，多重口感享受

火龙果芒果冰饮

⏳ 制作时间：10 分钟 ｜ ✎ 难易程度：简单

主料

芒果1个（约150克）　｜　红心火龙果1/2个

辅料

冰块10块　｜　牛奶150毫升

做法 ────────────

1　将芒果沿着果核切成两半，在果肉上横纵划几刀，贴着芒果皮将果肉取下。

2　把红心火龙果去皮，切成约1厘米见方的小丁。

3　火龙果丁留10颗装饰用，其余的放滤网上用勺子按压出火龙果汁。

4　取一个透明玻璃杯，放入芒果块，用料理棒将芒果压成泥。

5　放入冰块，然后把牛奶倒进去，喜欢酸奶的可把牛奶换成酸奶。

6　淋上火龙果汁，放上火龙果丁装饰，即可享用。

🍮 制作秘籍

1. 可换成自己喜欢的任意水果，2 种水果颜色要有差异，做出来的饮品更漂亮。

2. 火龙果和芒果都有甜味，该饮品种无须加糖，品尝水果的原汁原味最健康。

喝腻了单调的果汁，咱们来个高颜值的饮品，虽然看着高大上，做起来可是非常简单，连榨汁机都用不上，来一起学学吧。

银耳雪梨盅

⧖ 制作时间：2 小时 ｜ ✎ 难易程度：简单

主料

雪梨2个 ｜ 银耳1/3朵

辅料

冰糖10克 ｜ 枸杞子6粒

做法

1 银耳用凉水泡发，需泡1小时以上，完全泡发后，去掉根部黄色部分。

2 把银耳冲洗干净，撕成小片，越小越容易出胶；雪梨用清水冲洗干净备用。

3 把雪梨沿1/3处切开，用勺子挖去果核和部分梨肉，梨盅内壁留约5毫米厚度。

4 梨盅内放入八分满的银耳，撒上冰糖和枸杞子。

5 再倒入刚没过银耳的清水，盖上盖子。

6 冷水上锅，大火烧开后改中火蒸30分钟，即可享用。

🍲 制作秘籍

1. 选择干银耳的时候，要选白色带微黄的，纯白银耳一般是用硫黄熏蒸过的，不要选择。

2. 银耳出胶质的秘籍：要完全泡发至无硬心，撕的片越小越容易出胶。

以梨为盅，放入银耳，佐以冰糖、枸杞子点缀，经过蒸制，梨的清甜完全释放出来，银耳变得黏稠软糯，二者清润甜糯，有很好的滋阴润肺之功效。

萨巴厨房 ® 系列图书

吃出
健康
系列

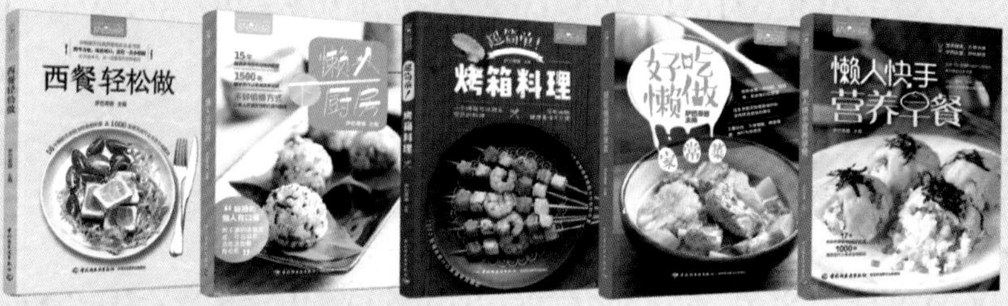
西餐轻松做
懒人下厨房
超简单!
烤箱料理
好吃懒做
懒人快手营养早餐

懒人下厨房系列

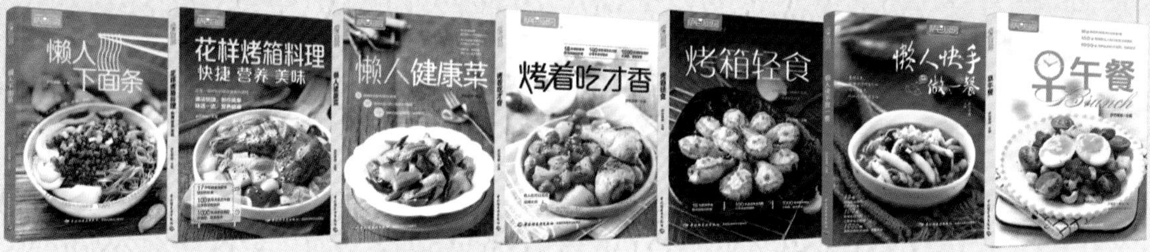
懒人下面条
花样烤箱料理
快捷 营养 美味
懒人健康菜
烤着吃才香
烤箱轻食
懒人快手做一餐
早午餐
Brunch

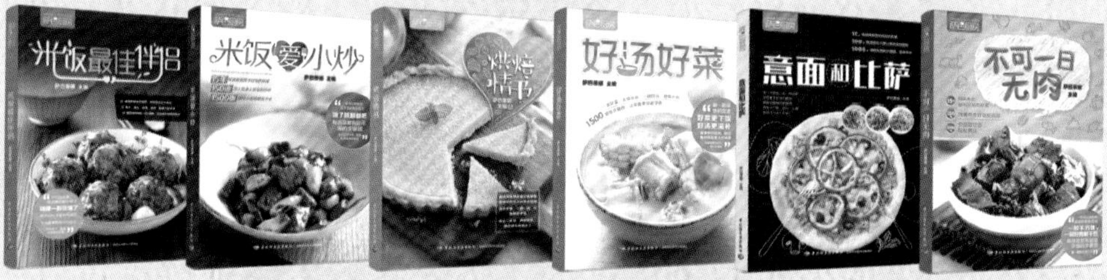
米饭最佳伴侣
米饭爱小炒
烘焙情书
好汤好菜
意面和比萨
不可一日无肉

家常美食系列

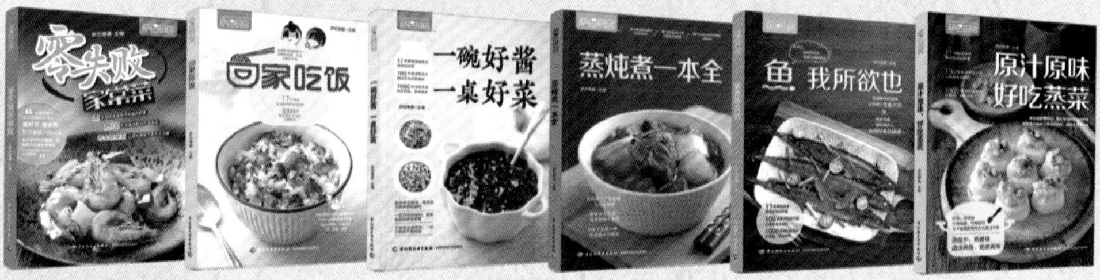
零失败家常菜
回家吃饭
一碗好酱
一桌好菜
蒸炖煮一本全
鱼 我所欲也
原汁原味好吃蒸菜

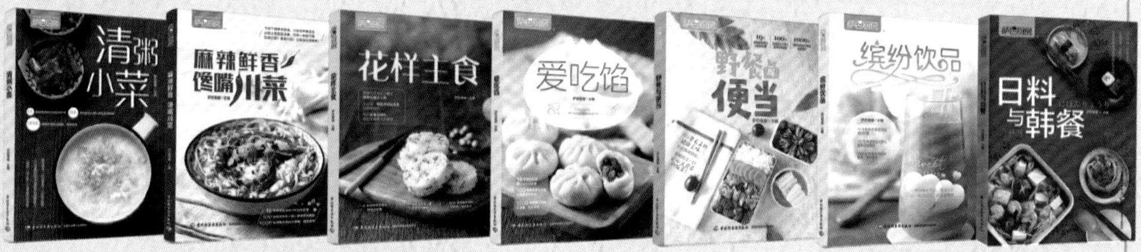
清粥小菜
麻辣鲜香馋嘴川菜
花样主食
爱吃馅
野餐便当
缤纷饮品
日料与韩餐

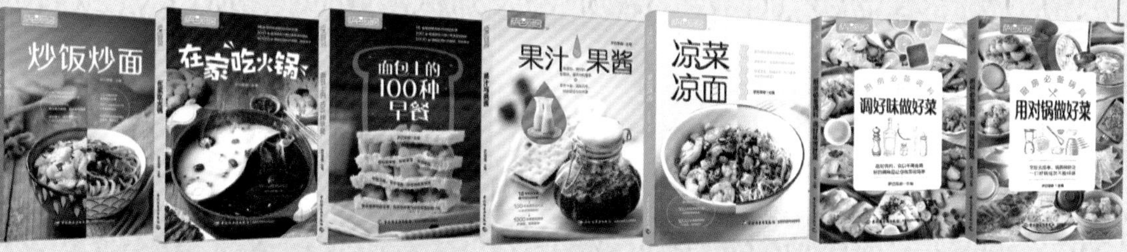
炒饭炒面
在家吃火锅
面包上的100种早餐
果汁 果酱
凉菜凉面
调好味做好菜
用对锅做好菜

图书在版编目（CIP）数据

萨巴厨房. 极简甜品 / 萨巴蒂娜主编. — 北京：
中国轻工业出版社，2021.8
ISBN 978-7-5184-3533-3

Ⅰ . ①萨… Ⅱ . ①萨… Ⅲ . ①甜食－制作 Ⅳ .
① TS972.12 ② TS972.134

中国版本图书馆 CIP 数据核字（2021）第 110854 号

责任编辑：张　弘　　　责任终审：劳国强
整体设计：锋尚设计　　责任校对：晋　洁　　责任监印：张京华

出版发行：中国轻工业出版社（北京东长安街6号，邮编：100740）
印　　刷：北京博海升彩色印刷有限公司
经　　销：各地新华书店
版　　次：2021年8月第1版第1次印刷
开　　本：710×1000　1/16　印张：12
字　　数：200千字
书　　号：ISBN 978-7-5184-3533-3　定价：49.80元
邮购电话：010-65241695
发行电话：010-85119835　传真：85113293
网　　址：http://www.chlip.com.cn
Email：club@chlip.com.cn
如发现图书残缺请与我社邮购联系调换
200387S1X101ZBW